서양건축문화의 이해

서양건축문화의 이해

초판 1쇄 발행 2014년 12월 30일
초판 2쇄 발행 2018년 9월 10일

지은이 윤장섭
펴낸이 성낙인
펴낸곳 서울대학교출판문화원

책임편집 전수형
디자인 장혜원

출판등록 제15-3호

주소 08826 서울 관악구 관악로 1
대표전화 02-880-5252 | 팩스 02-888-4148
홍보마케팅팀(주문 상담) 02-889-4424, 02-880-7995
이메일 snubook@snu.ac.kr
홈페이지 www.snupress.com

ISBN 978-89-521-1618-5 93540

서양 건축문화의 이해

윤장섭 지음

서울대학교출판문화원

머리말

건축문화는 각 시대의 인간 생활만이 아니라 그 시대의 이념 및 가치관을 반영하는 거울과 같은 역할을 한다. 그러므로 각 시대의 건축문화를 역사적으로 비교 검토해 보면 과거에 성취된 문화적인 업적과 이념 및 가치관을 인식할 수 있다. 또한 이와 연관해서 현재의 역사적인 위치와 사명을 깨닫게 되고, 앞으로의 미래상을 설정해서 새로운 문화발전에 기여할 수 있다고 생각한다.

이 책은 1996년 서울대학교출판문화원에서 출간한 『서양건축문화의 이해』를 수정 보완하여 다시 출간한 것이다. 한문을 없애고 윤문을 했으며, 제자들이 제공한 컬러 사진을 더해서 일반 교양인들이 쉽게 이해할 수 있도록 했다. 책의 내용은 원시시대, 고대, 고전, 중세, 근세의 5편으로 나누어 기술하였다. 특히 건축의 기원에서부터 시작하여 각 시대 건축양식의 발전 요인이 되는 자연적·인문적 배경을 살펴보았으며, 건축양식의 특성을 밝히고, 대표적인 건축 실례에 대하여 약술하였다. 이 책이 독자 여러분에게 서양건축문화에 대한 이해를 넓히는 일에 도움이 되기를 바란다.

구순에 이 책을 다시 펴내게 된 것을 매우 기쁘게 생각한다. 2009년 1월 뇌졸중으로 입원하였으나 생명을 연장하여 주신 하느님께 감사드리며 매일 기도 드리고 있다. 가족과 선후배들의 협조에 감사하며 고마운 뜻을 전하고 싶다.

끝으로 이 책을 만드는 과정에서 많은 수고를 해 주신 서울대학교출판문화원과 윤문과 교정에 참여했던 분들, 컬러 사진을 기꺼이 제공한 소우회 제자들에게 깊은 감사의 뜻을 전하고자 한다.

이 책의 내용에는 부족한 부분이 적지 않으나 독자 여러분에게 도움이 될 수 있기를 바란다.

2014년 12월

윤장섭

추천의 글

오랫동안 건축과 교재로 쓰이고 있는 윤장섭 선생님의 『서양건축사』를 추려 작고 간결하게 내놓은 『서양건축문화의 이해』와 오늘의 다양한 건축물의 문화·역사적 맥락을 정리한 『서양근대건축』, 두 권의 건축서가 새로운 모습으로 정리되어 기쁘고 감사한 마음으로 추천의 말씀을 드린다.

오늘의 건축문화는 전 세계적으로 유럽의 역사와 문화가 그 바탕을 이루고 있다. 그런 맥락에서 서양건축사란 세계건축사와 유사어이며 세계의 현대건축문화는 서양의 건축문화 주도로 이루어졌다고 할 수 있다.

건축문화는 인류 최고의 지적 산물이며, 땀과 노력의 결정이며, 삶이 모이고 쌓인 역사의 기록이며 무엇보다 인간의 가장 뛰어난 창조능력의 결과이다. 이런 건축문화는 현재를 살고 있는 모든 사람의 관심 대상이며, 완전하게 알고 있는 이가 없는 것과 동시에 전혀 모르는 이 또한 없는 보편적 문화이다. 이런 까닭에 건축의 역사를 소개하는 개괄서로서 이 책의 재출간이 건축문화에 관심 있는 교양인들에게 의미가 되길 기대한다.

건축 역사서에 관심 있는 독자들은 이미 구판의 책을 알고 있으리라 짐작되지만, 새 시대에 맞춰 완전한 신판으로 기획한 자제분 윤재신 교수의 수고와 이강주, 조희철, 손두호 외에도 선생님의 큰따님 내외인 강철구, 윤재옥 등 소우회 회원들의 적극적인 협조로 건축물 사진의 대부분을 새것으로 바꾼 것은 이번 신판 출판의 가장 중요하고 큰 성과라 할 만하다. 아울러 윤문을 보아 준 신유림, 출판을 총괄해 준 서울대학교출판문화원의 전수형 등 이 책이 나오도록 힘써 준 모든 이들께 감사한다.

더구나 금년에 구순을 맞으신 선생님의 노고에 존경과 경의를 표하지 않을 수 없다. 윤장섭 선생님의 활기찬 모습 뵙게 될 2015년 새해맞이를 기원한다.

2014년 12월

소우회 홍대형(서울시립대 명예교수)

차례

그림 차례

01

원시건축문화

건축의 발생

집을 짓는 것은 인간만이 아니라 지구 상의 숱한 동물들이 가진 본능 중 하나이다. 풍우한설風雨寒雪과 맹수를 피하기 위해 적절한 피난처를 만드는 능력은 끊임없이 생존경쟁을 하며 진화하는 동물계에서 한 종족의 생존능력을 평가하는 요소라 할 수 있을 것이다.

동물들은 공학적 관점에서 매우 복잡한 집을 만들기도 한다. 꾀꼬리가 만드는 둥지는 강하고 잘 짜인 조직으로 되어 있다. 많은 조류들이 바위나 나무에 붙여 도드라져 나온 집을 만든다. 이는 캔틸레버cantilever의 원리를 진흙의 부착력을 통해 구현한 것이다. 이처럼 동물들은 각 재료의 특수성을 잘 살려 여러 종류의 재료로 집을 만든다. 긴 섬유인 머리털이나 풀잎들은 견인력을 받을 수 있어 행잉 네스트hanging nest에 사용하고, 진흙은 모르타르mortar로써의 부착력을 이용하며, 새털과 머리털 등은 포근하고 안락한 내부 표장으로 사용한다.

또한 본능적으로 아름다움을 추구한다는 증거도 엿볼 수 있는데, 까마귀는 자기에게 실용적 가치가 없는데도 밝은 빛깔 물체들을 모으는 습성이 있다. 새들이 모여 지저귀는 모습을 보면, 혼자가 아닌 서로 들으며 즐기는 듯하다.

이처럼 조류를 비롯한 동물들이 집을 만드는 능력과 아름다움을 느끼는 힘을 가진다면, 훨씬 고등한 원시인류 또한 이 두 가지 본능을 가졌을 것이라고 추정하는 것은 무리가 아닐 것이다.

이러한 본능은 인류의 두뇌와 감각이 점차 발달함에 따라 더욱 발전하였다. 이 두 가지 본능은 인류의 모든 활동에 혼합되어 나타났으며, 특히 원시인의 가정생활이나 기구 제작, 종교 형성에 많은 영향을 미쳤다. 구석기 시대에 이르면 그 기술의 발전을 사례를 통해 확인할 수 있다.

기구를 만드는 데 있어서도 원시인은 실용성을 충족시키는 것만으로는 만족하지 않았다. 오래전부터 그들은 기구가 일종의 표현적인 형태를 갖게 하기 위해 애썼다. 그들은 항아리를 만지기 좋고, 보기에도 좋게 만들었다. 그 다음에는 표면에 줄을 그려 넣었다. 여기서부터 순수한 장식이 발생하게 되었다.

인류가 석기를 가공하고 가축을 기르며 농경을 시작한 신석기 시대에 이르러서는 주변의 거의 모든 것에 장식을 하였다. 건축은 이와 같이 집을 짓는 본능과 창작적이며 표현적인 예술본능을 종합하여 발생하고, 발전하였다. 인간은 아름다운 항아리와 기구를 갖고 싶어 한 것과 같은 이유로 아름다운 집을 갖기를 원했다. 시대의 변천에 따라 인간의 미에 대한 표준과 그 미를 형성한 방법에 많은 변화가 있었다. 그러나 통일성이 있으면서도 단조롭지 않은, 변화 있는 형태를 만들고자 하는 욕구는 그들 자신의 집, 신의 거처 등 모든 건축물에서 변함없는 기본원칙이 되었다.

우리는 건축문화의 변천을 개괄적으로 살펴봄으로써 각 시대의 생활양상을 알 수 있으며, 건축기술의 발달과 쇠퇴를 연대적으로 비교할 수 있고, 인간의 생사관과 사회관 및 종교·사상을 배울 수 있다.

건축 형태는 그 지방의 기후와 건축재료 및 표현방법의 차이에 따라 달라지며, 종교와 사회의 변천에 따라서도 달리 표현되고 있다.

원시건축 형태

구석기 시대의 사람들은 타제석기를 사용했으며, 주로 동굴에서 생활했다. 40만 년에 걸친 오랜 기간을 지나면서 언젠가부터 간단한 원시주거huts를 만들어 동굴 밖에서 생활할 수 있게 되었다.

원형의 원시주거는 적당한 크기의 나뭇가지들을 모아 원추형으로 골조를 만든 다음, 그 위를 나뭇잎이나 짐승 가죽으로 덮었다. 이러한 방식으로 만든 것들이 최초의 건축 형태의 기원이라 할 수 있다(그림 1a, 1b).

최초의 원형주거는 벽과 지붕의 구별이 없고, 출입구도 낮게 자리해서 통과할 때 허리를 굽혀야 하고 내부에서 제대로 설 수 없는 결함이 있었다. 후대에 벽을 수직으로 세우는 방식이 등장하면서 벽과 지붕이 분화되기 시작했으며, 내부 공간을 자유롭게 넓힐 수 있게 되었다. 나뭇

그림 1a 원형주거의 형태(아프리카)
그림 1b 원시주거의 내부(아프리카)

가지를 엮어 세운 다음, 그 위에 진흙을 발라 벽을 만들거나 돌을 수평으로 쌓아 올려 벽을 세웠다. 여기서부터 후대의 다양한 구축 방식으로 발전해 나가게 되었다. 다만, 원시인의 주거 형식이었던 원형주거는 문화가 발달한 신석기 시대와 청동기 시대 이후에도 꾸준히 사용되어 왔는데, 오늘날에도 아프리카나 기타 지역에서 그 사례를 쉽게 찾아볼 수 있다.

신석기 시대에 들어서면서 수렵생활 방식에서 경작과 목축을 하는 정착생활 방식으로 바뀌었으며, 취락을 형성해서 공동체 생활을 시작했다. 기술적으로 진보된 마제석기를 사용했으며, 종교가 발생하고 예술, 공예, 건축기술 등에서 많은 발전을 이루었다.

목재가 풍부한 지방은 곧게 다듬은 목재로 벽을 세우고 기둥과 보를 짜나갔기 때문에 자연스럽게 사각형 평면이 만들어졌다. 이 사각형의 집은 원형의 집보다 훨씬 쓸모가 있었기 때문에 돌과 벽돌로 집을 지은 지방에서도 사각형의 평면 형식을 도입했다(그림 2).

사각형 평면의 목조 구조방식에는 세 가지가 있다. 첫 번째는 같은 크기의 통나무를(혹은 반으로 쪼갠 통나무의 평탄한 면을 안쪽으로 향하게 함) 수직으로 박아 세워서 벽체를 형성하는 방책식stockade 구조법이고, 두 번째는 통나무를 수평하게 겹쳐 놓고 모서리를 여러 가지 방법으로 맞추어 벽체를 만드는 통나무집log cabin 구조법이며, 세 번째 방법은 가장 나중에 발달되었으나, 가장 일반적으로 사용하는 가구식trabeated 구조법이다.

지붕의 형태는 기후에 따라 많은 변화를 보인다. 덥고 건조한 지방에서는 목재 보를 벽면 위에 수평으로 걸쳐 놓고 그 위에 나뭇가지를 깔고 갈대 등을 덮은 다음, 진흙이나 흙으로 다시 덮었는데 기술이 발달하면서 그 위에 방수기능이 있는 재료를 추가했다. 이러한 방법은 그리스, 중앙아시아, 이집트 등지에서 사용하였으며, 현재도 이러한 방법을 사용한 예를 볼 수 있다.

강우량이 많은 지방에서는 이와 같은 평지붕flat roof 대신 빗물이 최대한 빨리 배수되도록 경사 지붕을 만들었다. 벽과 용마루 사이에 경사지게 서까래를 걸치고, 그 위에 나뭇가지를 깐 다음 나뭇잎이나 갈대 등을 덮어 빗물이 잘 흘러내리도록 했다. 기술이 발달하면서 지붕에 철판이나 기와 등을 덧입혔다.

그림 2 석조 원시주거(아일랜드)

원시종교 건축양식

신석기 시대부터는 죽은 사람을 매장하기 위한 분묘 형식과 종교의식을 행하기 위한 종교 건축 형식이 발전하기 시작하였다.

원시분묘에는 평지분묘와 동굴분묘가 사용되었다. 부장품은 석기, 골기, 식물, 화장품, 농기구 등이 있었으며, 부부, 몸종들이나 가축을 같이 매장하는 경우도 있었다. 곳에 따라서는 사체를 보호하기 위해 거석을 괴어 놓았다. 이것이 지석묘인 돌멘dolmen이다. 돌멘은 중부 및 북부 포르투갈의 신석기 시대, 즉 B.C. 2500~2000년경에 만들어지기 시작하여 분포되었다. 서유럽의 돌멘 중 평균 2~3m의 자연석을 세워 놓은 것을 멘히르menhir라 한다(그림 3). 남부 영국의 스톤헨지Stonehenge는 이 멘히르의 일종이다.

스톤헨지는 높이 약 4.4m의 석주 30개를 직경 30m의 원주 상에 세

그림 3 돌멘(B.C. 1500, 프랑스)

위 울타리를 만든 것으로, 금석병용시대金石併用時代에 건립한 것으로 추정한다(그림 4).

대체로 원시종교 건축은 다음의 네 가지 형식으로 나눌 수 있다. 첫째 형식은 신의 주거house of god라는 개념을 근거로, 건축물이 신의 실제적인 또는 상징적인 거처로 간주되는 것이다. 이와 같은 개념을 가진 종교에서는 신상을 산 사람과 같이 여기고, 신전을 사람의 주거와 같은 형식으로 만들었다. 고대 이집트와 그리스의 신전에는 이러한 생각이 잘 드러나 있다. 로마의 신전도 같은 생각에서 발전하였으며, 동부 아시아의 신전 또한 그 기저에 이러한 생각이 존재했다.

둘째 형식은 높은 단high place, 高壇의 개념에 근거하여 자연신(하늘 또는 태양)을 숭배하기 위해 만든 것이다. 제사하는 사람은 신과 더 가까이 소통하기 위하여 높고 조용한 곳, 즉 높은 언덕이나 산마루를 택했으며, 높은 곳이 없는 지방에서는 흙이나 벽돌 또는 돌을 사용하여 인위적으로 큰 산을 쌓아 올렸다. 메소포타미아의 지구라트ziggurat, 마야Maya의 피라미드pyramid 등이 그 좋은 예이다.

셋째 형식은 분묘식 신전으로, 성자의 시체를 매장하고 그 위에 신전을 만든 것이다. 고대부터 세계 각지에서는 왕이나 영웅의 분묘 위에 높은 토총土塚을 쌓아 올려 추모하였다. 우리는 성자나 신을 기념하기 위해 이와 같은 방법을 사용하였다는 것을 쉽게 상상할 수 있다. 불교의 탑파stupa는 이 대표적 예이다.

넷째 형식은 가장 발달한 형식인 회당meeting place이다. 회당은 예배자들이 모여서 예배하기 위하여 만든 것으로, 고전시대의 신비종교는 이 형식의 종교 건축을 만들었다. 유대인들의 회당인 시나고그synagogue도

이와 같은 형식이며, 초기 그리스도교에서는 로마 시대의 바실리카basilica 형식 건축을 이와 같은 개념으로 발전시켜 교회건축을 형성하였다.

그림 4 스톤헨지

건축 구조법의 발달

인류는 여러 형태의 건축을 발전시킬 때 중력에 대한 해결책을 항상 연구해야 했다. 이것은 건축을 형성하는 데 있어 가장 중요한 문제였다. 공중에 있는 모든 물체는 자연법칙에 의하여 중력을 받고 지면으로 낙하하기 때문이다.

건축은 풍우한설을 막기 위한 공간을 형성하기 때문에 이 공간의 상부를 덮는 지붕을 안전하게 지지하는 것은 매우 중요한 문제였으며, 이에 대한 각종 해결방법이 건축 형태의 특질을 결정하는 중요한 요소가 되었다. 모든 건물은 사용재료의 강도, 재료의 사용방법에 따라 형성되는 구조역학적인 지지력과 지구 중심에서 잡아당기는 중력이 서로 대결하여 평형을 이룬다.

그러므로 건축은 예술성을 가진 동시에 구조 재료의 역학적 성질과 중력에 대한 해결방법을 다루어야 하는 과학성을 내포한다. 쇼펜하우어Schopenhauer는 건축미를 설명하며 "건축이 아름다운 이유는 사람이 만든 건물의 강도가 중력과 대결함으로써 이루어지는, 극적이면서도 비인격적인 영원한 투쟁이 가져오는 정서적인 긴장이 건축을 통하여 표현되기 때문이다"라고 말했다.

오랜 세월 동안 건축 구조법이 발달하면서 공간을 막고, 지붕을 만드는 네 가지 원칙적인 구조방식을 발견하였다(그림 5).

첫째, 가구식架構式 구조는 기둥 사이에 수평하게 보를 걸어서 구조체를 만드는 방법으로, 사각형의 뼈대를 형성한다. 이 방법은 원시건축에 많이 사용하였으며, 건축법이 발달했던 고대 이집트·크레타Creta·그리스 시대에도 사용되었다. 또한 현대건축에서도 많이 사용하는 기본 구조방식으로 가장 단순하고 튼튼하다.

둘째, 코벨corbel 또는 캔틸레버cantilever 구조는 발코니balcony나 추녀 구조체와 같이 한쪽 끝을 벽에 넣어 고정시키고, 다른 끝을 외부로 돌출시켜 그 위에 놓이는 하중을 지지하도록 하는 구조법이다. 원시시대의 벌집형 주거beehive hut는 이 구조 형식의 원초적인 실례이다. 이와 같은 석조 원시주거는 매우 육중한 벽을 형성하였으며, 그로 인해 재료가 많이 들었다.

응력을 많이 견딜 수 있는 철골 구조·철근콘크리트 구조 등을 사용

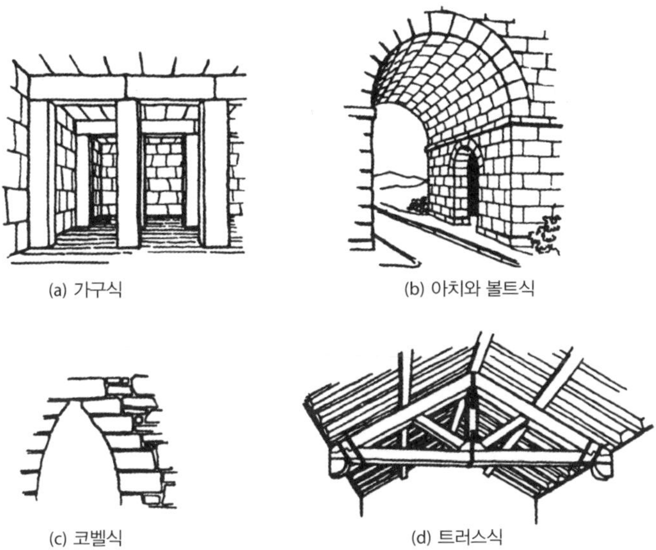

(a) 가구식 (b) 아치와 볼트식 (c) 코벨식 (d) 트러스식

그림 5 건축 구조방식

하는 현대의 구조방식에도 캔틸레버의 원리를 많이 이용하고 있다. 즉, 캔틸레버 구조의 큰 교량을 만들거나 공장건축·상업건축은 물론 주택에까지도 이 방식을 사용한다. 또한 건물의 모든 기둥들이 외벽면에서 안쪽으로 들어가게 배열하여 캔틸레버식으로 바닥을 지지하도록 하고, 외벽의 전면全面을 창으로 만드는 방식이 근대에 들어 많이 사용되고 있다.

셋째, 아치와 볼트arch and vault는 원시건축부터 사용하였으나, 그 기원은 정확히 알 수 없다. 이것은 흙벽돌sundried brick을 많이 사용했던 메소포타미아 시대에서부터 확실한 형태가 생성되었으며, 그 후 널리 사용되었다. 완전히 발달된 형식의 아치는 B.C. 4000년에 만들어진 실례가 있다. 아치 구조의 발전 과정을 추측해 보면 다음과 같다.

코벨식 지붕을 더 작고 가벼운 돌로 만들려는 노력에는 점차 진전이 있었다. 그러나 그에 따라 불안전한 지붕이 만들어졌고, 이것이 우연히 안으로 처지면서 처음에는 임시방편으로 처진 부분을 나무로 받쳤을 것이다. 시간이 경과하면서 안으로 처진 돌들은 자연히 방사선상으로 배열되었고, 그 사이의 틈새를 다른 돌로 채워야 했다. 이와 같은 과정을 통하여 구조체가 튼튼해지자, 사람들은 받쳤던 나무를 제거하여도 안전하다는 것을 알게 되었다. 이러한 구조 원리를 알게 된 후에는 처음부터 돌을 방사선상으로 배열해 쌓는 아치 공법을 사용하였으리라 추정한다.

이 같은 발전 과정을 통해 인류는 처음으로 아치의 구조법을 발견하였다. 아치의 초기 형태는 돌을 반원의 형상 위에 방사선상으로 배열하고, 그 사이에 쐐기형의 줄눈을 사용한 거친 아치 구조였다. 이후 기술의 발달에 따라 돌을 쐐기형으로 만들고, 줄눈이 직선인 정식 아치 구조를 사용하게 되었다. 볼트는 아치를 연속시켜 반원통형의 면구조面構造를 형성한 것이다.

마지막으로 트러스truss 구조는 삼각형 지붕에서 발전한 구조이다. 삼각형은 항상 강한 구조의 단면을 형성한다. 즉, 부재의 길이가 변하지 않는 한 그 형태는 변하지 않는다. 일찍부터 인류는 경사진 서까래를 대들보에 안전하게 잘 잡아매고 위쪽 끝을 잘 묶으면 모든 이음 부분의 위치가 변하지 않는다는 것을 발견하였다. 이것이 곧 트러스의 발단이다. 삼각형 형태의 구조가 강하기 때문에 삼각형들이 결합한 구조 역시 강하다. 따라서 수많은 삼각형으로 형성된 트러스를 사용한다면 큰 스팬span을 가진 지붕도 안전하게 만들 수 있다.

이상 네 가지의 건축 구조의 원리로써 인류는 중력에 대항하여 외적과 비바람 및 한서를 막는 셸터shelter를 만들었다. 인류의 문화가 발달함에 따라 그 욕망은 더 커졌으며, 서로 다른 목적으로 사용할 여러 종류의 건축 공간을 마련하게 되었다. 그 기능에 따라 주거, 종교의식용 건물, 집회소, 작업장 등이 각각 다른 모양으로 지어지게 되었다. 또한 모든 건축은 기능적 측면만이 아니라, 사람들에게 미와 정서적인 만족감을 주기 위해서도 발전하였다.

구조·기능·미는 건축의 3대 요소이며, 이것은 문명이 동틀 때부터 현대에 이르기까지 모든 건축 활동의 기본이 되는 요소이다. 역사적으로 훌륭한 건축들은 이와 같은 필요불가결한 기본 요소를 충족시킬 뿐만 아니라, 시대성·지역성 및 민족성에 따라 많은 차이를 나타낸다. 이는 그 건축 활동에 관여하였던 사람들의 이념과 가치관 및 정신적으로 소망하는 바를 창작적인 상상력과 영감을 통하여 건축적으로 구현하였기 때문일 것이다.

02

고대 건축문화

이집트 건축

수천 년간 훌륭한 석기문화를 형성하였던 이집트 사람들은 나일 강 유역 원주민인 흑갈색 인종과 셈족인 아랍인, 또는 시리아인과 지중해 연안의 백색 인종 등의 혼성이다. B.C. 4000년경에 이르러서 이집트 사람들은 청동과 금의 사용법을 알게 되었고, 집단생활을 하면서 경작법을 발전시켰으며, 건축과 공예 등을 발달시켰다.

이집트의 건축문화는 종교에서 큰 영향을 받았다. 이집트인은 자연 만물에 사람과 같이 영靈이 있다고 믿었으며, 그 당시 사람의 지식으로 설명이 되지 않는 능력을 가진 것은 동물이든 곤충이든 신이라 생각했다. 그러므로 많은 신들은 뱀, 딱정벌레, 소 등 기타 동물의 형태로 상징적으로 표현되었다. 태양신 라Ra가 주신이며, 국왕을 태양의 화신으로 신봉하였고, 국가는 신전을 만들어 태양신에게 제사를 올렸다. 특히 사자死者에 대한 제사의식과 내세에 대한 신앙은 이집트 종교의 기본적인 요소였다. 영혼, 카Ka의 체내복귀사상과 영혼불멸의 관념은 시체를 미라로 만들어 묘에 영구히 보존하도록 하였고, 이 묘들은 사자의 영구한 주거로서 내구성이 있는 돌을 사용하여 이집트 석조건축문화를 대성하게 만들었다.

그들이 형성한 국가는 파라오Pharaoh라 칭하는 국왕이 통치하는 극단적인 전제군주체제였다. 왕은 태양신 라의 후손이라는 신앙을 통해 신과 같이 숭배되었고, 정치상의 주권자이며 종교상의 원수였다. 당시 사회는 승려·귀족·무인들이 높은 지위를 차지했다. 승려는 학술상의 최고 권위자로서 상형문자를 해석하며, 종교의식을 주관하고 일체의 기록을 만들어서 보존하였다.

이집트 사람들은 예술 감정이 풍부하였을 뿐 아니라, 건축가와 예술가를 이해하고 존중하여 건축과 조형예술 분야에서 많은 발전을 이루었다. 제3왕조에는 건축가 임호테프Imhotep가 조세르Zoser 왕의 분묘신전인 거대한 사카라Saqqara의 피라미드pyramid를 건설하였고, 제4왕조에는 기자Giza의 대피라미드를 건설하였다.

이집트인은 단순하고 원시적이었으나 채석採石에 능통하였으며, 기계 없이 거석을 다루는 법을 알고 있었다. 이집트 왕국의 석조건축은 무제한적이었던 노동력과 세심하게 준비된 조직적인 건축 활동에 의하여 건설되었다. 전쟁 포로와 농부들이 주로 동원되었으며, 공사 중 이들의 장기간 숙식을 위해 공사장 부근에 큰 도시를 건설하는 경우가 많았다.

국왕은 이 노동자들을 절대적인 권력으로 지배하였으나 그들에 대한 임금과 대우는 매우 좋았으며, 유능한 건축가와 기능자를 양성하는 기구가 존재했다. 건축가와 예술가들이 존경받던 이집트 사회에서 훌륭한 설계와 아름다운 장식을 가진 찬란한 건축문화가 발달했던 것은 당연한 결과였을 것이다.

석조건축 등의 구조 형식은 주로 가구식으로, 기둥과 보를 사용하여 조립하였다. 벽체는 사각형方形의 돌을 모르타르 없이 쌓아 올렸고, 그 외벽은 상부로 올라가면서 안쪽으로 경사지게 만들었다. 이는 그 지방의 흙벽돌의 벽체 형태에서 왔을 것으로 추측되며, 벽면의 경사는 벽체에 안정감을 주면서 아름답게 하는 건축적인 표현 기술의 한 방법이라고 여겨지기도 한다. 벽체의 모서리에는 대부분 원형의 몰딩molding을 만들었으며, 꼭대기에는 오목한 몰딩을 사용하였다. 이것은 그 원형이 목구조에서 왔다는 증거이다(그림 6).

그림 6
이집트 건축의 원주

피라미드

제3왕조의 조세르 왕은 생전 사카라에 마스타바mastaba를 만들고, 사기死期까지 그 규모를 키운 마스타바를 몇 단으로 겹친 이른바 계단형 피라미드를 만들었다. 각 층의 높이가 7~12m로 전체 높이는 약 60m이고, 평면은 정방형이었다(그림 7). 이후 제4왕조의 소리스Soris 왕이 메둠Medum에 만든 계단형 피라미드는 평면이 정방형이었으나, 시공상의 하자로 일부가 붕괴되었고, 그가 다슈르Dashur에 만들었던 제2의 피라미드는 굴절된 사각 추체였다. 이와 같이 피라미드는 점차 발전하여 후에 계단형에 삼각형의 석재를 놓아 일반적인 사각 추체의 형태가 되었다(그림 8a).

피라미드의 형체가 완성된 것은 제4왕조에 이르러서였다. 각 왕은 재력과 권력을 기울여 자신의 분묘가 될 피라미드를 건설하였으며, 유명한 왕일수록 그 규모가 컸다. 카이로에서 10km 떨어진 기자에 있는 3대

그림 7
조세르 왕의 단형 피라미드

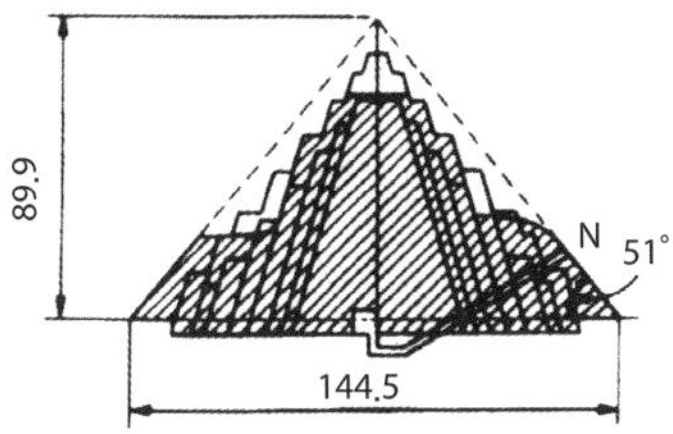

(a) 메듐의 피라미드

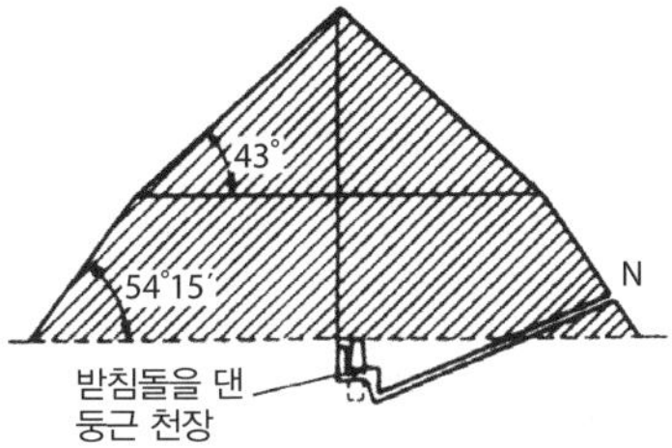

(b) 다슈르의 굴절 피라미드

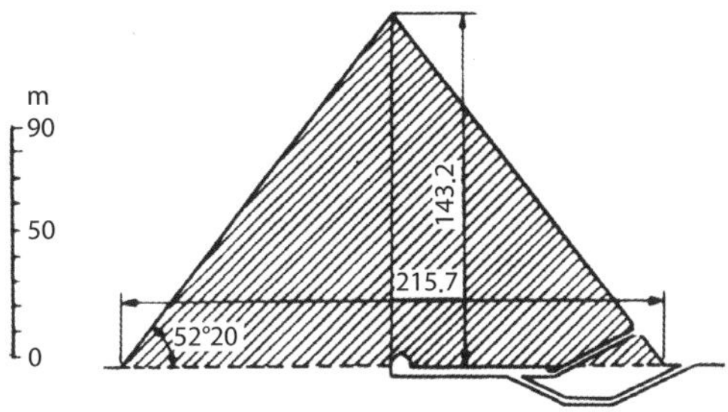

(c) 카프레 왕의 피라미드

그림 8a
피라미드 형태의 발달 과정

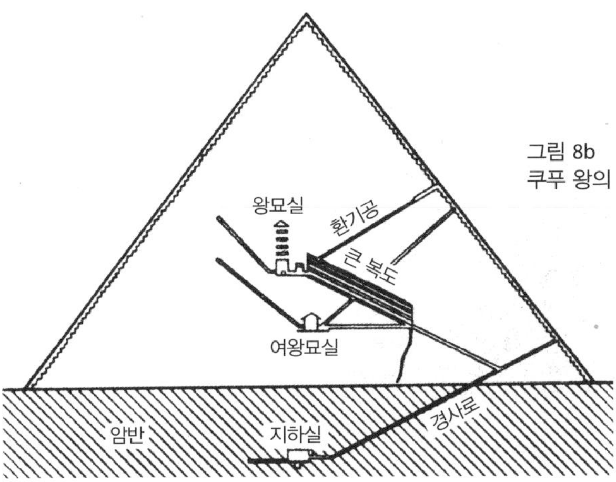

그림 8b
쿠푸 왕의 피라미드 단면

피라미드는 세 왕의 분묘이며, 그중 가장 큰 것이 쿠푸Khufu 왕의 피라미드이다. 이 피라미드는 부근 채석장에서 채취한 황색 석회암을 쌓아 그 표면을 백색 석회암으로 덮었으며, 많은 비용과 새로운 기술에 의하여 완성되었다. 피라미드의 변은 각기 동서남북을 가리키고, 그 구배는 51° 50′, 높이는 146m였다. 쿠푸왕묘 단면은 입구부터 경사로가 있어 그 중간에서 위쪽으로는 왕의 묘실로 올라가는 통로, 아래쪽으로는 여왕의 묘실로 가는 통로가 있으며, 이 길은 외부의 침입을 방지하기 위하여 곳곳이 거석으로 막혀 있었다(그림 8b).

쿠푸 왕 피라미드의 크기는 기단의 길이가 230m, 사방으로 바닥 넓이가 5.29ha이며, 용적이 약 250만 m^3이다. 중량은 약 6백만 톤으로, 평균 2.5톤의 무게가 되는 $1m^3$ 크기의 석회석石灰石을 쌓아 올려 만들었다(그림 9).

그리스의 역사가 헤로도토스Herodotos에 의하면 쿠푸 왕은 이 대피라미드를 쌓기 위해 10만 명을 매년 3개월씩 10년간 동원하여 나일 강에서

그림 9
쿠푸 왕의 피라미드

돌을 가져오는 길을 만들었고, 또 같은 수의 인부를 매년 3개월씩 12년간 사역하여 피라미드를 만들었다고 한다.

피라미드의 구조는 견고한 핵심 구조체 부분과 여기에 기대 있는 몇 겹의 경사진 벽체 부분들로 구성되어 있다. 피라미드는 가장 단순하면서도 고도로 발달한 추상적 형태이다. 그 기본 요소들은 단순한 입체를 형성하는 선과 평탄하고 매끈한 면으로, 이는 태양신의 아들인 왕의 권위가 지고함을 의미한다. 초자연성과 영원성 및 안전성을 상징하는 기자의 피라미드들은 건축문화사상 큰 업적으로 평가된다.

신전건축

제5왕조에 이르러서는 더 많은 피라미드를 건설하였다. 피라미드에 더하여 왕의 명복을 빌기 위한 신전이 건설되었으며, 제18, 19, 20왕조, 즉 B.C. 1600~1100년 사이 이집트 문화는 그 절정에 이르렀다. 건축에 있어서도 황금시대를 형성하여 신전·궁전·주거 등의 많은 유례들이 테베 부근에 남아 있다(그림 10).

신전건축은 이집트인의 건축 활동을 대표하며, 제18, 19왕조 때에 그 형식이 완성되었다. 이 시대의 신전건축은 신의 주거라는 개념에 근거하였기 때문에 주거건축에서 발전하였을 것이다. 신전은 대부분 신역 속에 있고, 신역에는 남북의 방향으로 참도dromos가 있으며, 그 양측에는 신전의 문인 파일론pylon에 이르기까지 양이나 스핑크스의 조각상들이 줄지어 있다. 파일론 앞에는 오벨리스크obelisk가 2개 서 있다. 파일론은

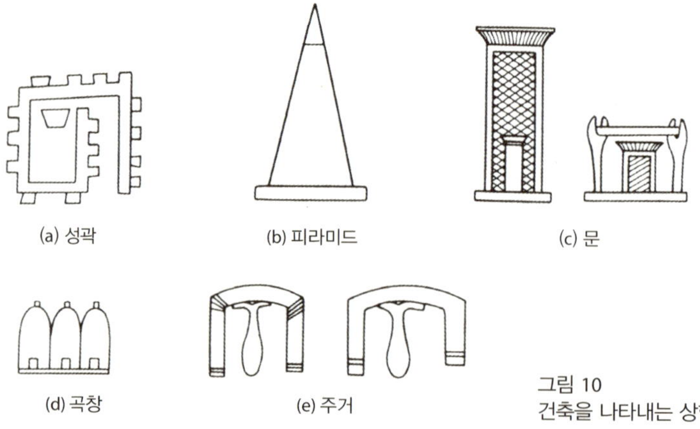

그림 10
건축을 나타내는 상형문자

마스타바와 같이 경사진 벽으로, 그 꼭대기에 장식적인 몰딩이 있으며 신전건축의 외관에 미적美的 효과와 제사의 의식적 효과를 준다. 파일론의 표면에는 왕의 업적과 숭배하는 신神에 대한 그림과 상형문자를 음각하고 채색하였다. 출입구의 상단부에는 원형에 2개의 날개가 달린 장식물을 놓았는데, 이것은 아몬 라Amon Ra, 즉 태양신을 상징하며 이집트 장식의 우수성을 보여 준다(그림 11).

파일론을 지나면 중정court이 있고 3면으로 열주랑peristyle이 돌아가며, 여기서 많은 열주가 서 있는 하이포스타일hypostyle 홀에 들어간다. 이 홀 중앙에 있는 두 줄의 기둥은 다른 기둥보다 굵으며, 한 단 높은 천장을 받치면서 클리어스토리clerestory를 형성하여 실내의 채광을 한다. 이 홀이 신전건축에서 가장 힘을 기울여 만든 부분이다. 여기서 더 들어가면 성소가 있다. 성소는 어둡고 깊숙하며 천장이 낮은 밀실로 신상이 놓여 있었다. 신전의 바닥은 열주랑·하이포스타일 홀·성소의 순으로 높아지고, 천장은 반대로 낮아져 미적 효과뿐 아니라 건축 공간에 심오하고 무한

그림 11
이집트 신전
파일론의 정면

한 종교적 분위기를 부여했다(그림 12).

아몬 카르나크Amun Karnak의 신전은 수 대에 걸쳐 증축과 개축이 되었으며, B.C. 1300년경에는 이집트 최대의 신전건축이 되었다. 이 신전은 6개의 파일론이 있어 규모가 장대하며 그 크기는 366m×110m이다. 광대한 열주랑 및 중정이 있고, 하이포스타일 홀의 크기는 53m×102m이며 134개의 원주가 서 있어서 매우 넓고 장엄한 공간을 이루었다. 채광은 클리어스토리의 방법을 사용하였으며, 주두장식으로 연꽃lotus, 연꽃봉오리lotus bud 등을 사용하고, 십육각 고식古式의 기둥을 사용하였다. 벽에는 릴리프relief가 있고 훌륭한 채색으로 장식하였다. 성소 남쪽에는 120m×77m의 성호가 있어 종교의식에 사용하였다고 한다(그림 13, 14).

고대 이집트 건축을 대표하는 것은 대체로 신전건축으로, 신전건축

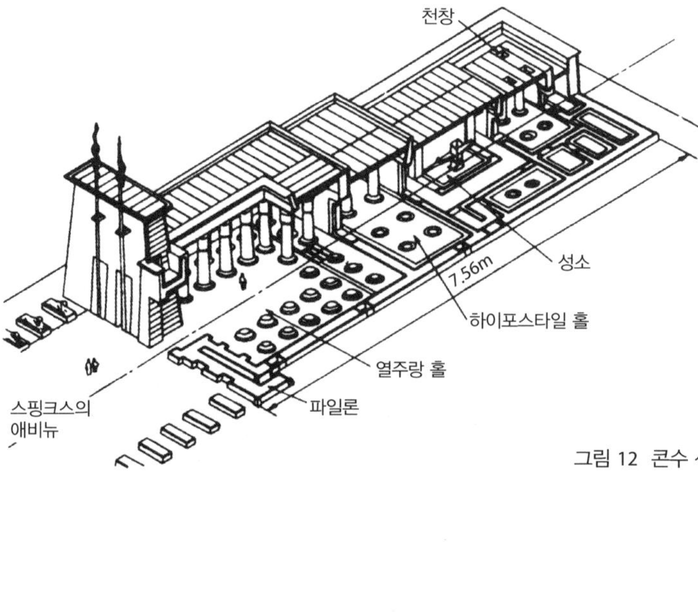

그림 12 콘수 신전

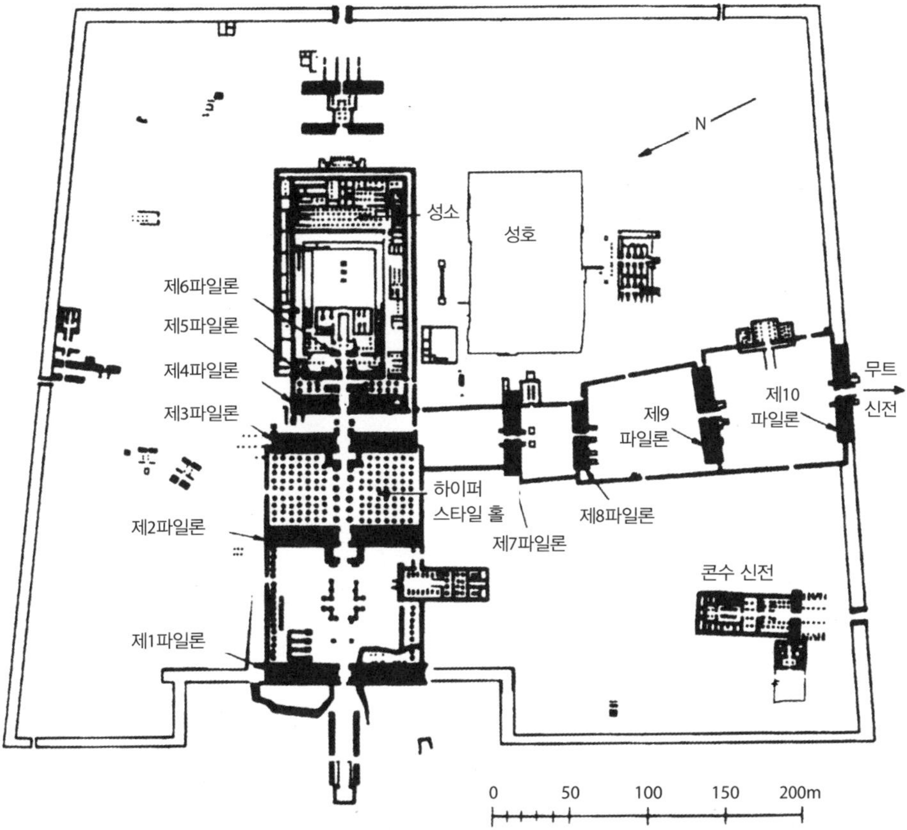

그림 13 카르나크의 아몬 신전 평면

은 그들의 종교 관념과 조상숭배 또는 왕의 권위를 상징하기 위하여 건축되었다. 초기의 평면은 좌우대칭이었으나, 후세에 증축 또는 개축되어 다소 변경이 있었다. 사용한 재료에 의해 벽이 두꺼워졌으며, 사각형의 가구식 개구부와 평지붕 역시 거석으로 만들어졌다.

이집트 건축에서 받는 인상은 크기에 대한 관념이 주가 된다. 장식들은 거의 상징적인 것이나 상형문자 혹은 그들의 생활을 묘사한 것들로 종류가 매우 많으며 모두 화려하게 채색되었다.

이집트의 건축문화 발전에 있어 자연환경과 종교적 내세관의 영향은 매우 컸다. 매년 범람하는 나일 강 계곡지대나 기름진 땅의 풍요한 농산물 수확과는 대조적으로, 그 주변에 한없이 펼쳐진 사막의 자연풍경들은 건축문화의 창조에 있어서 변화와 불변을 상징하는 원형이 되었다. 이집트의 피라미드와 대신전들은 3차원적인 공간이라기보다는 유한한 시간과 무한한 영원성을 대조적으로 표현하려는 4차원적인 조형물들이며, 그들이 가졌던 종교적인 내세관을 잘 나타낸다. 그 건축 형태

그림 14
카르나크의 아몬 신전

들이 갖는 기하학적인 명료성과 육중한 매스mass의 단순성은 우리들에게 경외심을 느끼게 한다.

서방 아시아 건축문화

흑해에 면한 아르메니아Armenia 산맥에서 시작하여 페르시아Persia 만으로 흘러들어 가는 티그리스Tigris·유프라테스Euphrates 강 사이의 광대한 충적층 평야에는 B.C. 5000년경부터 고대문화가 전개되었다.

이 지방은 비교적 외부 세계에 개방된 지형을 갖고 있어 주변 유목민들의 침입을 자주 받았으며, 메소포타미아Mesopotamia의 문화도 고대 이집트 문화와 마찬가지로 큰 강을 중심으로 하구에서 발달하기 시작해 점차 상류로 확장되었다.

초기의 국가는 하구지역에 세워진 도시국가들로, 구약성경에 나오는 칼데아 우르Chaldea Ur의 초기 문화부터는 역사적 고증이 비교적 분명하다. 이 문화를 형성한 수메르Sumer인은 당시 상당한 문화적 수준을 가졌으며, 설형문자를 사용하였고, 칼데아 지방에 많은 도시를 건설하여 도시국가를 형성하였다. B.C. 2300년경 아카드Akkad의 사르곤Sargon 왕은 메소포타미아 전체를 그의 통치하에 두었으며, 그가 건설한 위대한 도시, 바빌론Babylon은 세계적으로 유명해졌다. 역사적으로는 초기 칼데아 문화까지 포함하여 이 시대를 바빌론 시대라 한다. 바빌론 시는 B.C. 2250년부터 집권한 함무라비Hammurabi 왕 때에 문화가 크게 발전하였으며, 세계 최고最古의 법전이 만들어지기도 하는 등 B.C. 2040년경까지 문화가 융성하였다.

B.C. 2000년경 이 지방은 아르메니아 산맥 지방에 근거지를 둔 히

타이트Hittite족의 침입을 받았다. 그 후 이곳에는 히타이트 제국이 세워져 이집트 경계에서부터 북으로는 흑해까지 그 세력을 미치게 되었다. 이후 히타이트는 북부 유역의 주민인 아시리아Assyria인에 의해 멸망하고, 이 지방의 주권도 아시리아인에게 넘어가 그들은 페르시아에서 지중해 연안까지 지배하게 되었다. 아시리아는 B.C. 7세기 초에 니네베Nineveh를 수도로 동방 세계에서는 최초로 대제국을 형성하였다.

이 군국주의 국가가 신바빌로니아에 의해 패망하면서 바빌론이 다시 주권을 잡게 되었으며, 이 신바빌로니아 제국은 화려하고 장대한 문화를 건설하였다. 그러나 그 후 페르시아 제국이 이 지역을 정복하였다. 페르시아는 주로 인도-유럽계의 이란Iran인으로 이루어졌으며, B.C. 6세기 중엽 키루스Cyrus 왕이 왕국을 건설하고, 다리우스Darius 1세 때에는 대제국을 형성하였다. 페르시아 제국은 관료제의 국가조직을 만들고 모든 민족을 너그럽게 통치하였기 때문에 많은 민족을 지배하는 정치에 성공한 최초의 제국이 되었다.

메소포타미아의 종교는 이집트와 같이 다신교로 천체를 숭배하였다. 이집트인이 내세관에 치중한 반면 메소포타미아인들은 현세관에 더 치중하였기 때문에 운명을 점치는 점성술이 발달하였다. 메소포타미아 건축의 특이점은 서로 다른 종족과 다른 언어를 사용하는 여러 침입자에게 주권이 옮겨졌지만, 그 출발점에 있어서의 통일성이 존재하며 어느 곳에서나 한결같은 특성을 보여 준다는 것이다.

그중 히타이트와 페르시아는 특유한 건축양식을 갖고 있었다. 히타이트는 새로운 형식의 조각 모양과 동물형의 장식을 사용하였으며, 페르시아는 각처에서 발전했던 건축양식의 요소를 절충하여 고대 서방 아시아 건축문화의 종국적인 발전을 가져왔다.

고대 메소포타미아 건축

고대 메소포타미아 지역의 건축 재료는 진흙·벽돌·갈대reed 및 플라스터plaster 등을 주로 사용하였다. 목재는 귀하고 질이 좋지 않았기 때문에 후에는 소아시아에서 수입하여 사용하였다. 벽체는 주로 흙벽돌로 만들었기 때문에 우기를 견디기 위해 회칠로 보호하였다. 벽돌을 주로 사용하였기 때문에 메소포타미아 건축은 장방형의 방과 볼트 구조라는 두 가지 특징적인 요소를 가진다.

우르 왕국 시대와 그 후의 바빌론 제국 시대에는 신전·궁전·주거 등 건물의 종류와 시대적 차이에 무관하게, 중정을 둘러 배치된 장방형의 방이 모여 구성되었으며, 두꺼운 벽으로 구획되었다. 지붕은 평지붕이며, 그 외단부에는 계단형stepped brick으로 쌓은 파라펫parapet이 있었다.

아치와 볼트는 고대부터 사용되었다. 우르 왕국 시대보다 이전인 B.C. 4000년경에도 벽돌 볼트 구조로 만들어진 분묘가 있었으며, 볼트로 된 배수구는 메소포타미아 지방에서 흔히 볼 수 있다. 또한 성문이나 큰 문에도 볼트와 아치가 사용되었다. 볼트로 된 큰 홀은 아시리아 제국이 패망하기 전부터 건축되었던 것으로 추정한다. 흙벽돌 구조로 건축의 외관은 매우 단순하였으며, 지면에서 파라펫까지 돌출물이 전혀 없고 외부에 면한 창구도 전혀 없었다. 개구부는 모두 중정에 면하여 있으며, 때로는 궁전과 신전에 기둥이 사용되었다. 건물 내부는 잘 알 수 없으나 플라스터를 발랐고, 아시리아 시대에는 전쟁·수렵·제사 등의 프레스코fresco 벽화를 그렸다.

종교 건축에는 첫째로 고단 개념에 의하여 발전된 것과 둘째로 신의 주거 개념에 의하여 발전된 것의 두 가지 형식이 있었다. 둘 중 전자가 주로 사용되었으며, 후자는 전자와 함께 건축하는 경우가 많았다. 메소포타미아에서 전자의 개념으로 발전한 것은 거대한 벽돌조의 고단으로 정사각형 또는 직사각형 평면을 가지며, 계단형으로 높이 쌓아 올려 정상을 광장으로 만든 지구라트ziggurat가 있다. 지구라트는 우르 왕국 이전부터 존재한 거대한 구조물로, 파괴가 불가능하여 후세의 주권자들은 이전의 지구라트 외부에 새로운 벽을 더해 더 높고 큰 지구라트를 만들었다. 신의 주거라는 개념에 의해서 이룩된 종교 건축은 하나의 중정을 갖는 주거와 거의 흡사한 형태였다.

이 건축과 일반 주거의 차이점은 장식을 특히 많이 하고 제단sanctuary을 마련하였다는 것이다. 입구에서는 제단으로 직접 들어가지 못하도록 되어 있으며, 제단과 가구는 절대 일직선상으로 배치하지 않았다.

아시리아 건축

아시리아 건축은 초기의 메소포타미아 건축을 계승하였으나, 평면이 더 복잡해지면서 양식을 완성하였고, 기본적인 전통에 화려한 장식을 새롭게 더하였다. 아시리아 궁전은 많은 중정을 장방형의 방들로 둘러싼 거대한 건물로, 홍수에 대비하여 흙벽돌로 쌓은 고단 위에 건축하였다. 이 궁전에는 히타이트 건축의 영향을 받은 큰 문이 있었다. 여기에는 양익兩翼에 탑이 있고, 상부를 계단형의 여담battlement으로 만들었으며 입구는 볼트 구조였다. 성문의 양쪽에는 인두유익수신상人頭有翼獸身像의 석조 조각이 서 있으며, 이것은 아시리아 왕국의 힘 있는 군국주의를 상징했다. 또 프리즈frieze에는 아름답게 채색한 소성 벽돌을 사용하였다.

아시리아 건축의 대표적인 유구는 사르곤 2세 왕(B.C. 722~B.C. 705)이 건설한 코르사바드Khorsabad 도성과 궁전이다. 도성은 1,600m×1,750m의 사각형으로 성벽은 두께가 24m, 높이가 23m이며 성문이 7개 있었다. 도성의 서북쪽에 있는 내성은 300m×650m의 대지로, 안쪽 성벽에 걸쳐서 고대의 기단(344m×314m)을 만들고 그 위에 궁전을 만들었다. 궁전에는 3개의 크기가 다른 대소의 중정을 둘러서 210개의 방이 배치되었다. 남서쪽 성벽 위에 걸쳐서 별궁지가 있었으며, 코르사바드 궁전의 기단 남쪽에는 신전이 있었다(그림 15, 16).

이 궁전 안의 지구라트는 벽체가 천체의 칠성을 대표하도록 일곱 가지 색으로 된 유약 소성 벽돌을 쌓아 만들었다. 신에게 제사하기 위한 지구라트는 궁전의 외부 공간을 지배하며, 거대한 알현실이 있는 내부

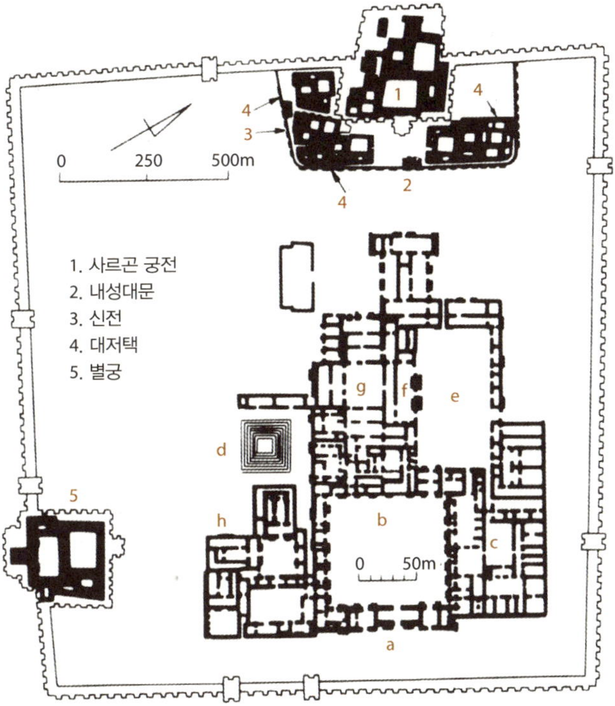

그림 15 코르사바드 도성과 사르곤 궁전의 평면

그림 16 코르사바드 궁전 정문의 인두유익수신 조각

공간은 클라이맥스를 형성한다. 사르곤 왕은 그의 도성과 왕궁을 통해 넘치는 힘과 찬란한 위엄을 나타내고자 하였다(그림 16, 17, 18).

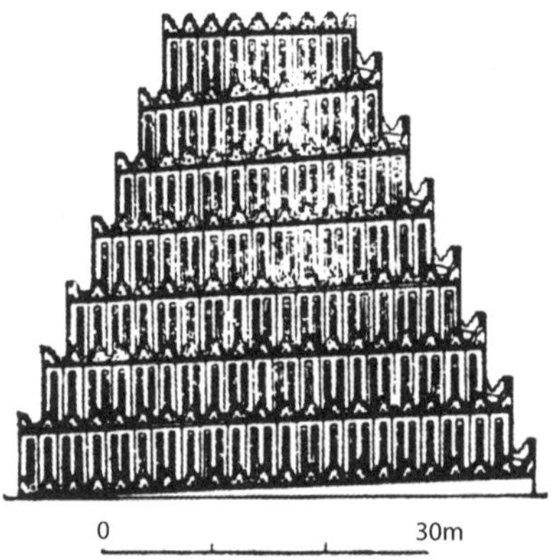

그림 17 코르사바드의 지구라트

그림 18 사르곤 왕 궁전
(B.C. 742-705, 복원도, 코르사바드)

신바빌로니아 건축

아시리아의 패망 후 바빌론이 다시 권력을 잡았을 때부터 페르시아에 정복될 때까지 메소포타미아 지역의 문화는 아시리아인의 전통을 융합하여 더 고도의 기술적 완벽을 기할 수 있었다.

B.C. 600년경 네부카드네자르Nebuchadnezzar 왕은 바빌론에 가장 크고, 가장 유명한 도성을 만들었다. 성곽의 내성과 외성은 히타이트와 아시리아의 기법으로 건조하였으며, 유프라테스 강을 끼고 모뉴먼트한 도성이 동서로 펼쳐졌다. 도성 주변을 거대한 성곽과 호로 둘러쌌으며, 대행진 광로가 도성의 북쪽 대문인 이슈타르 문과 궁전 및 신전 사이를 연결했다. 네부카드네자르 왕이 확장한 바빌론 궁전은 내성과 서쪽에 있

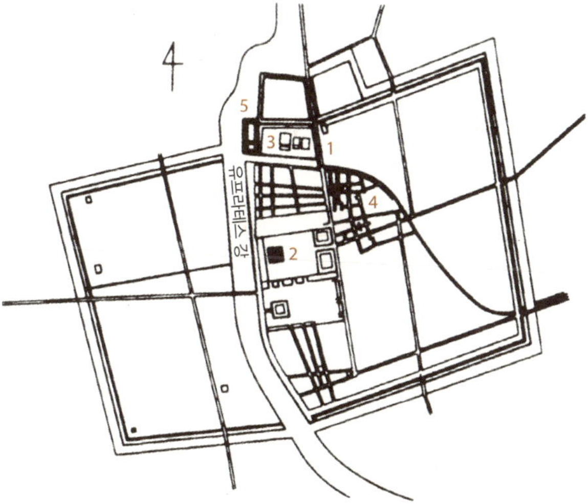

1. 이슈타르 문
2. 지구라트
3. 바빌론 궁전
4. 고대 가로망
5. 보루

그림 19 바빌론 도성의 평면

는 견고한 성채城砦로 둘러싸여 있었으며, 몇 개의 중정을 중심으로 주요한 건물들이 세워졌고, 그 중앙에는 공중정원hanging garden(50m×60m)과 알현용 홀이 있었다(그림 19).

신바빌로니아 시대의 건축기술에서 주목할 점은 각종 색깔의 유약 벽돌을 사용했다는 것이다. 이 벽돌은 긴 모양의 판상으로 만들어 부조한 다음 절단하여 유약을 발라 소성한 것이었다. 당시 각종 색깔의 아름다운 유약 벽돌로 건축했던 바빌론 시가나 도성은 화려한 장관을 이루었을 것이다. 옛 지구라트들의 표면을 더 쌓아 올려 더 크게 만들었으며, 수많은 아치로 만든 구조물 위에 유명한 바빌론의 공중정원을 만들었다. 이 거대한 볼트 구조물은 지금도 남아 있어 당시 정원의 아름다움을 추측할 수 있으며, 고대의 7대 불가사의로 유명하다.

페르시아 건축

건축적으로 페르시아는 메소포타미아의 전통과는 조금 다른 특성을 나타내었다. 즉, 고지대 건축highland building이 나타났고, 정방형의 평면이 나타났기 때문에 진흙벽을 많이 사용하였다. 또한 평지붕을 나무 기둥으로 지지하였으며, 신전은 고단을 쌓아 그 위에서 제물을 태웠다. 뿐만 아니라 초기 메소포타미아의 주거·궁전·신전 등의 평면에서 볼 수 있었던, 중정을 중심으로 한 평면 구성방법courtyard idea이 사라졌다.

이와 같은 단순하고 원시적인 전통을 가졌던 페르시아 제국은 자국의 부강을 바탕으로 이집트와 아시리아의 건축문화를 접하면서 호화로운 건축문화를 형성하였다. 건축의 평면과 구조는 페르시아의 전통을 따랐으며, 장식적인 세부는 인근의 건축문화를 본받았다.

페르시아 건축에서 가장 특이한 것은 궁전건축이었다. 발굴된 수사Susa의 궁전과 페르세폴리스Persepolis의 궁전은 전자는 B.C. 600년, 후자는 B.C. 470년경에 건축되었다. 페르시아의 궁전은 거대한 정방형 홀로 되어 있으며, 같은 간격으로 배치된 가늘고 긴 기둥들이 지붕을 지지했다(그림 20).

일반적으로 홀의 앞뒤에는 주랑 포치porch가, 양쪽에는 작은 방이 있었다. 모두 천장이 높고 아름다워 메소포타미아 건축의 중후함과 좋은 대조를 이루었다. 벽은 흙벽돌로, 창과 문 주위의 기초는 석조로 이루어져, 벽은 붕괴되었지만 남은 석조 부분으로 옛 모습을 알 수 있다(그림 21).

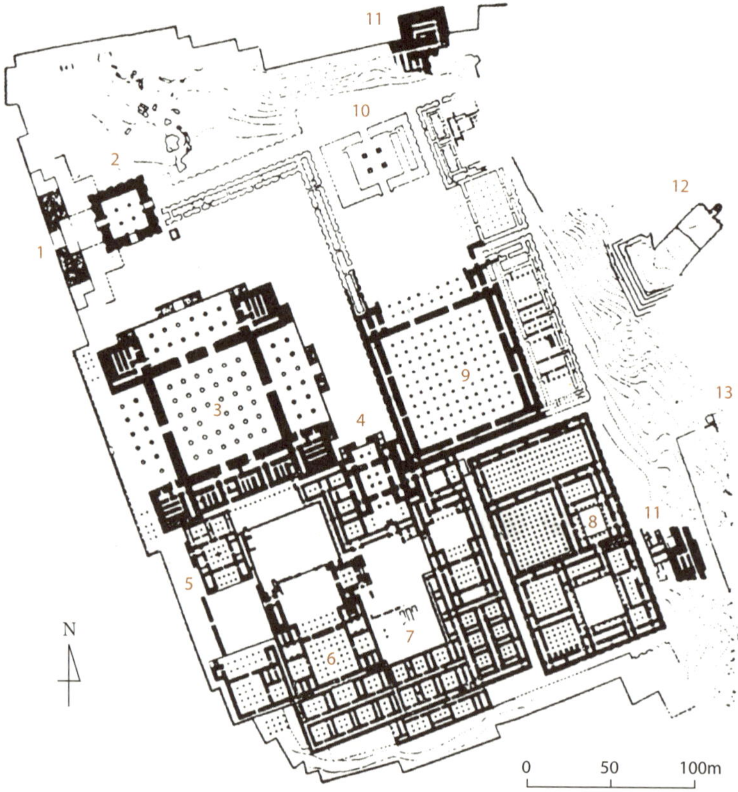

1. 계단
2. 대문
3. 다리우스 1세의 알현실
4. 중문
5. 다리우스 1세 궁전
6. 크세르크세스의 궁전
7. 하렘
8. 보고
9. 크세르크세스의 왕좌실
10. 왕좌 앞의 대문
11. 성벽
12. 왕실 무덤
13. 수조

그림 20 페르세폴리스 궁전의 평면

페르세폴리스 궁전의 주두capital는 십자형cross piece의 돌로 이루어졌으며, 그 위에 소와 말의 머리나 전반신이 조각되었다(일종의 bracket block). 때로는 이 십자형과 주신shaft 사이에 소용돌이 형상vertical scroll 또는 종 형상bell shape 등을 장식하기도 했다. 이와 같이 종 형상·소용돌이 형상·짐승 형상 등을 결합하여 사용한 장식은 합리적이지는 않으나 환상적이며, 그 효과가 매우 인상적이었다(그림 22).

그림 21 대알현실(B.C. 470, 페르세폴리스 궁전)

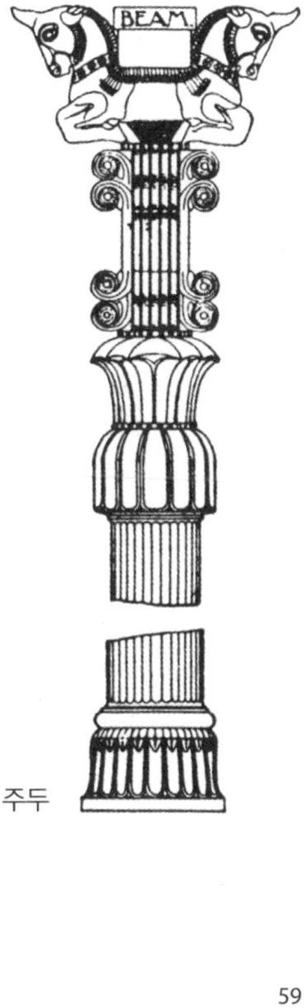

그림 22 페르세폴리스 궁전의 주두

03

고전 건축문화

그리스 건축

그리스 문화는 세계문화사에서 가장 훌륭한 문화적 특성을 가지며, 유럽의 사상 및 예술의 원천으로 현대에 이르기까지 세계문화 발전에 많은 영향을 미치고 있다. 그중 가장 두드러지는 분야는 조형예술로, 조화와 균형을 매우 중요시하였으며, 사실적인 것에 그치지 않고 이상적인 미를 추구하기 위해 힘썼다. 그리스의 건축문화는 건축양식 사상 매우 훌륭하며, 그 건축이념은 서양건축의 근간으로 현대에 이르기까지 항상 새로운 영향을 미치고 있다.

그리스는 국토의 면적이 협소할 뿐 아니라 지리적으로 평야가 적고 산악이 중첩되어 폴리스Polis(도시국가)와 같은 소단위의 국가를 형성하였다. 온화한 지중해성 기후와 맑은 공기는 그리스 사람들의 성격 형성에 많은 영향을 주어 순수한 미의 의식과 명석한 사상을 만드는 데 도움을 주었을 것이다. 특히 그리스 본토는 대륙에 붙어 지중해로 돌출한 반도로서, 교통이 편리했다. 또한 금속과 돌 및 목재 등의 자원이 풍부하고, 독창적인 민족성을 가졌기 때문에 문화발전의 기반이 충분히 형성되어 있었다.

그리스의 역사는 폴리스의 발생·발전·몰락의 역사라고도 할 수 있다. 그리스의 귀족이었던 전사 계급들은 전투와 방어의 근거지인, 지역의 중심부에 위치한 폴리스에 모여 살았고, 평민과 노예들은 주위 농경지에 거주하였다. 일반적으로 폴리스의 중심이 되는 소구릉을 아크로폴리스Acropolis라 불렀다. 그리스인들은 아크로폴리스에 수호신을 모셨으며, 전시에는 최후의 거점이 되기도 하였다. 그 아래에는 아고라Agora라 일컫는 광장이 있었으며, 이곳에 회의나 재판이 열리고 시장·노천극장 등이 있어 일반 시민들이 공공생활을 하는 중심이 되었다.

그리스의 종교는 민족의 단결에 가장 큰 역할을 하였다. 그리스인은 사후세계가 있음을 믿고 영혼의 지하생활을 위한 공물을 올렸으며, 근친자의 보호와 축복을 빌었다. 또 그리스인은 현재 생활의 행복을 빌기 위하여 신을 섬겼으며, 신을 인간적으로 해석하여 인간보다 위대한 능력을 갖고 있으나, 인간과 마찬가지로 도덕관념이 있고 혈족관계를 가질 수 있다고 생각하였다. 그리스의 도시국가들은 각각의 고유한 수호신을 숭배하였다. 특히 올림픽은 종교 제도의 하나로 4년마다 거행되는 국민적 대경기였으며, 문화·예술 면에도 큰 영향을 미쳤다.

그리스 시대의 중요한 건축은 모두 석조로 이루어졌으며, 그 규모도 굉장했다. 특히 그리스의 여러 지방에서는 대리석 등의 건축용 석재가 풍부히 산출되었기에 석조건축문화가 대성할 수 있었다.

초기에는 주로 석회석을 사용하였으며 B.C. 500년 이후부터는 대리석을 많이 사용하게 되었다. 돌의 사용은 그리스 건축의 중요한 특질이라 볼 수 있으며, 석조의 축조방법은 거석적으로, 석재의 줄눈에 진흙을 사용하였고 모르타르는 사용하지 못했던 것 같다.

그리스는 종교적으로 신과 인간을 동격으로 생각하였기 때문에 그리스의 신전은 신의 주거 개념을 기본으로 주거 형식을 발전시킨 형태였다.

그리스 건축은 에게 시대·그리스 시대·그리스 후기의 각 시대에 따라 각기 다른 특색이 있으나, 결국 서로 연관된 하나의 양식을 형성하였으며, 그 천재적인 미의 관념과 기술이 그 지방에서 산출되는 돌과 결합해 훌륭한 석조건축문화가 대성하였다.

구조는 가구식이고 평면이 매우 간명하며, 외관은 거의 좌우대칭을 이루었다. 여기서 특이할 점은 오더order의 완성이다. 오더의 기원에 관하여는 여러 가지 설이 있으나 그리스 시대에는 3종의 오더가 완성되었다. 그리스 건축문화는 후기에 과학적 요소를 더하면서 로마 건축문화의 발전을 유도하게 되었다. 미적 통일성을 가진 그리스 건축은 건축문화사에서도 중요한 고전 건축으로, 그 사상과 문화는 후세에 많은 영향을 미치고 있다.

오더

그리스 신전건축의 특징으로는 특유한 열주列柱를 사용한 점을 들 수 있으며, 그리스의 기둥 범례인 오더order 양식樣式에는 도리스 오더Doric order·이오니아 오더Ionic order·코린티안 오더Corinthian order의 세 종류가 있다.

도리스 오더의 기원은 목조건축에서 점차 진화한 것이라고도 하고, 이집트의 베니 하산Beni Hasan 분묘의 입구 주형에서 기원한 것이라 추측하기도 한다. 이 오더는 주신과 주두로 나눠지며, 주초가 없고 3형식 중 주두가 가장 간단하다. 주신은 지름에 비해 높이가 낮고 세 가지 오더 중에서 가장 웅장한 외형을 가진다. 3단段의 기단stylobate 위에 직접 조적하여 주신을 형성하며, 주신 표면에 있는 플루팅fluting의 수는 보통 20개이다. 주신은 수직축이 신전 중심을 향하여 약간 경사지게 존재하며, 주신의 중간에는 엔타시스entasis가 있어 착시 보정에 대한 미적 고려가 되어 있다.

도리스 오더 양식의 건축은 건물 전체가 장중하고 그 의장이 매우 간소하며 전체의 프로포션, 세부의 기술적 처리 등이 다른 양식에서 볼 수 없을 만큼 남성미를 뛰어나게 표현하도록 디자인되어 있다(그림 23).

이오니아 오더는 도리스 오더보다 후에 발달한 양식으로 이오니아 지방에서 발생하였으며, 본토보다 오히려 소아시아 및 그 도서지방에서 발달하였다.

이것은 주초·주신·주두의 세 부분으로 되어 있고, 주초가 기단 위에 있으며, 초기에는 2개의 몰딩moulding이 있었다. 주초의 가장 밑 부분은 둥글게 돌출한 토루스torus며 그 위에는 반대형으로 된 트로킬루스trochilus

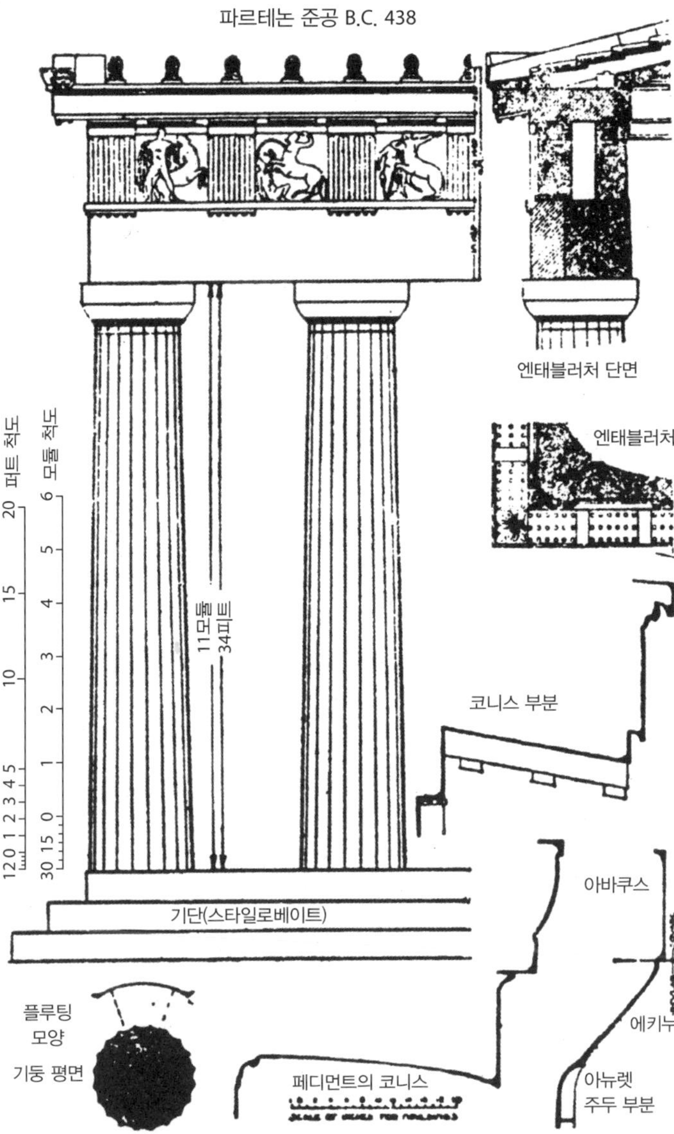
파르테논 준공 B.C. 438
엔태블러처 단면
엔태블러처 평면
피트 척도
모듈 척도
11모듈
34피트
코니스 부분
아바쿠스
기단(스타일로베이트)
플루팅
모양
기둥 평면
에키누스
페디먼트의 코니스
아뉴렛
주두 부분

그림 23 도리스 오더

가 있고, 그 위에 다시 토루스가 있다. 주신은 도리스 오더보다 한층 더 세장하고 섬세하며, 플루팅은 초기에는 수가 적었으나 완전히 발달한 것은 24개였다. 플루팅은 주신의 상하上下에서 끊어지며, 주신에는 엔타시스가 있다.

주두에 소용돌이 모양이 있는 것이 이오니아 오더의 가장 큰 특징으로, 그 기원은 서방 아시아일 것으로 추측한다(그림 24). 이 주두 장식에는 2개의 소용돌이 모양과 조각들이 있으며, 가장 대표적인 에레크테이온Erechtheion 신전의 주두에는 많은 장식이 섬세하게 조각되어 있다(그림 25).

코린티안 오더는 앞의 2개의 오더에서 발전한 것으로 파르테논 신전의 조각가로 유명한 페이디아스의 제자인 칼리마코스Kallimachos가 코린트Corinth의 처녀 묘에서 싹이 튼 아칸서스acanthus 나무를 보고 창안한 것이라는 전설이 있다. 주초과 기둥에는 큰 변화가 없으나 주두의 장식이 독특한 디자인으로 되어 있다. 코린티안 오더는 밧새Bassae에 있는 아

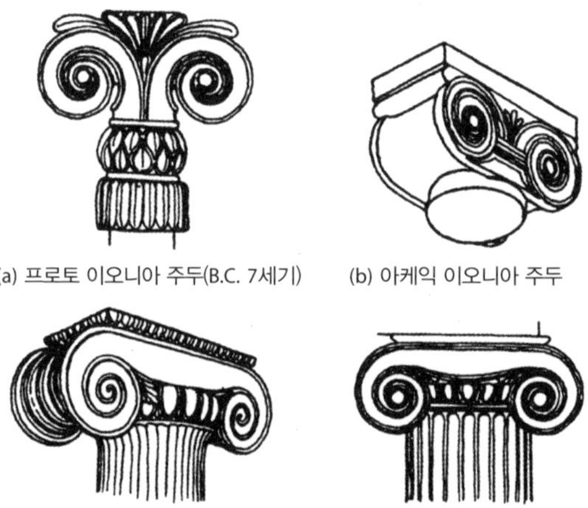

(a) 프로토 이오니아 주두(B.C. 7세기) (b) 아케익 이오니아 주두

(c) 초기 이오니아 주두(B.C. 6세기) (d) 중기 이오니아 주두(B.C. 5세기)

그림 24
초기와 중기의
이오니아 주두

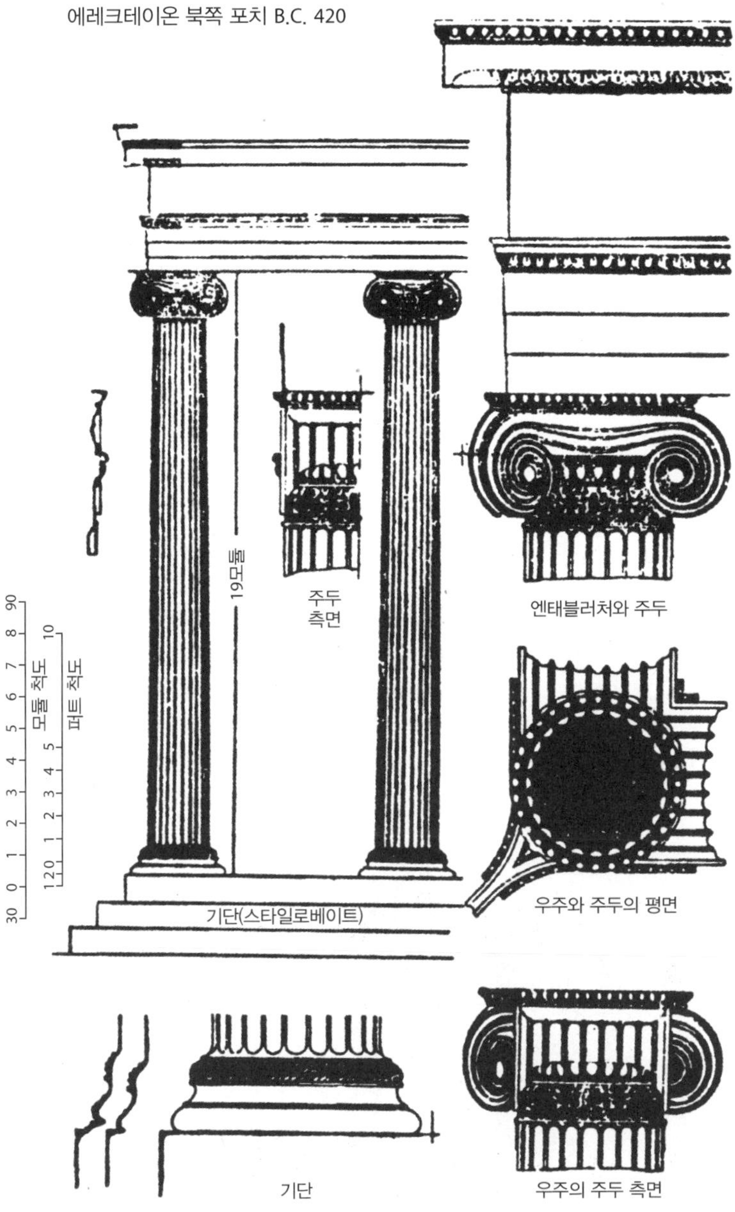
에레크테이온 북쪽 포치 B.C. 420
19모듈
주두
측면
엔태블러처와 주두
모듈 척도
피트 척도
90
8
7
6
5
4
3
2
1
0
30
10
5
4
3
2
1
120
기단(스타일로베이트)
우주와 주두의 평면
기단
우주의 주두 측면

그림 25 이오니아 오더

폴로 신전(B.C. 500) 내실naos의 안쪽 정면 중앙에 서 있는 독립기둥 주두에 최초로 사용되었으며, 그 후 그리스 후기와 로마 시대에 일반적으로 사용하게 되었다.

가장 발달했던 코린티안 오더의 주두는 그 횡단면이 거의 원형이며 종을 거꾸로 세워 놓은 것과 유사한 형태이다. 주두 하부에는 아칸서스의 잎 형상을 상하 두 줄로 두르고, 상부에는 우아한 소용돌이 모양이 정판頂板을 받치고 있다. 로마 시대에 이르러서는 몇 가지 종류의 다른 디자인들이 생겼으며, 이 오더는 앞의 두 가지에 비하여 매우 화려한 모양을 하고 있다(그림 26, 27).

(위) 그림 26
코린티안 오더의 주두

(아래) 그림 27
올림피아 신전

파르테논

도리스 양식의 건축 중 가장 대표적인 예는 파르테논Parthenon 신전이다. 파르테논 신전은 아테네의 아크로폴리스Acropolis 구릉 위에 돋보이게 서 있다(그림 29). 파르테논 신전은 그 규모의 장엄함과 사용재료의 훌륭함 및 미적 가치의 뛰어남 등 모든 점에서 그리스 신전건축의 으뜸이라 할 수 있으며, 전 세계를 통틀어도 가장 아름다운 건축이라 할 수 있을 것이다. 이 건축은 B.C. 447년에 기공하여 B.C. 438년에 준공한 것으로 조각가 페이디아스Pheidias와 건축가 익티노스Iktinos가 심혈을 기울여 설계하였으며, 건축가 칼리크라테스Kallikrates가 감독하여 건축하였다. 기단 이상의 부분은 백대리석을 사용했으며 기단 윗면의 크기는 약 69.5m×30.9m이다.

형식은 외주 열주식peripteral으로 정면 8주柱, 측면 17주의 도리스 오더 양식의 기둥이 사면四面에 줄지어 있다. 기둥의 높이는 10.43m, 지름은 정면의 중앙 부분이 1.9m이며, 모서리의 지름은 1.95m, 중간 부분에서 주간의 길이는 4.29m, 양단부는 주간 길이가 3.68m이다. 평면은 전주랑실·내실·후주랑실의 세 부분으로 되어 있다. 내실은 두 부분으로 나뉘는데, 동쪽의 큰 방은 헤카톰페도스hecatompedos라 하며 도리스 오더의 열주가 ㄷ자형으로 서 있어 네이브nave와 아일aisle의 공간을 구성한다. 그 중앙에는 페이디아스의 걸작인 황금과 상아로 만든 아테나 파르테노스Athena Parthenos의 거대한 신상이 있었으며, 이는 고대의 7대 불가사의 중 하나로 유명하다.

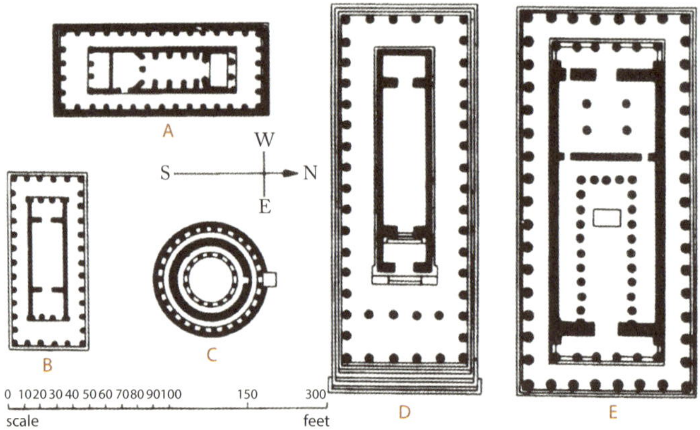

A. 아폴로 신전, 바사에　B. 테세우스 신전, 아테네　C. 원형 신전, 에피다우로스
D. 프슈도 디프테랄 신전, 셀리누스　E. 파르테논, 아테네

그림 28　그리스 신전 평면의 종류

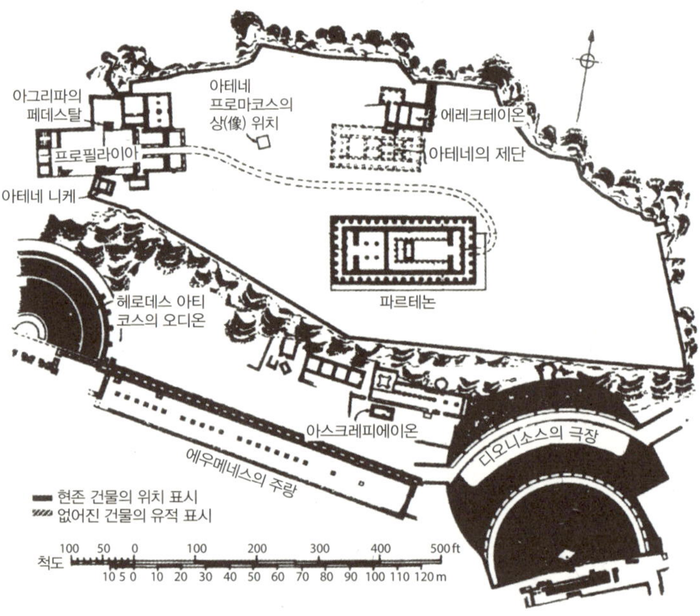

그림 29　아크로폴리스의 배치도

서쪽 후주랑실에 입구가 있는, 파르테논이라는 이름의 방은 신보神寶를 저장하는 창고로 사용되었다. 내부는 4개의 이오니아 양식의 기둥이 서 있었다. 파르테논 신전의 외관은 가장 완성된 형식미를 갖추었으며, 동서면의 열주 상부에는 삼각형의 엔태블러처entablature가 그리스 건축 외관의 특색을 잘 나타내고 있다. 원주의 높이는 기둥의 하부 지름의 5.5배이고, 주신에는 엔타시스entasis가 있으며, 주두의 모양은 단순하면서도 매우 아름답다. 모서리의 기둥은 다른 기둥보다 약간 높아서 귀솟음이 있고, 상단은 내부로 약간 경사졌으며, 기단과 코니스cornice의 수평선은 중앙이 약간 상방으로 휘어 올라가게 고안되어 착시 현상을 교묘하게 보정하였다.

이 건축은 아테네 부근의 산에서 채석한 대리석을 사용했으며, 아크로폴리스의 정상에 우뚝 서 있어 먼 곳과 바다에서도 두드러지게 잘 보였기 때문에 아테네의 부와 힘을 명백하게 상징하였다. 그리스 건축양식 중 최고도의 세련된 형식과 기술을 나타내며, 건축과 조각의 뛰어난

그림 30 파르테논 신전

일체화를 통해 종합예술 작품을 이루어 놓은 것이었다. 파르테논은 그 구조나 장식, 디자인 및 기술 등에 있어서 그리스 고전 건축의 대표라 할 수 있으나, 오늘날은 파괴되어 그 일부만이 남아 있다.

에레크테이온

에레크테이온Erechtheion은 대표적인 이오니아식式 신전으로 파르테논과 같이 아크로폴리스 구릉 위에 있으며 B.C. 421년 건축가 필로클레스Philokles의 지도하에 기공되어 B.C. 406년경에 완성되었다. 이 건축은 아테네 전성기 최후의 걸작이라 하겠다(그림 31).

이 신전은 포세이돈Poseidon, 에레크테우스Erechtheus를 주신으로 하고 그 외의 제신을 위하여 건축된 것으로, 평면이 매우 복잡하다. 동쪽 면에 이오니아식 기둥이 6개 서 있는 전주랑실이 있고 북쪽 면에 4개의 기둥을 세운 전주랑실이 있으며, 남쪽 면에는 아름답게 조각된 여신상주가 있는 전주랑실이 있었다. 이 신전이 특별히 다른 형식을 가진 이유는 서로 다른 신을 제사하는 3전을 합쳐서 만들었기 때문이었다. 가장 아름다운 북쪽 면 전주랑실의 이오니아 오더는 많은 조각 장식을 하

그림 31 에레크테이온 신전
(B.C. 421-406, 아테네)

였으며, 색석·유리 등이 감입되었고 청동의 장식을 붙였다. 당시에는 이 신전의 입면 구성을 위해 많은 고심을 하였다고 전해진다. 동·북·서 측의 건축 외관에 나타난 변화를 전체와 조화시키기 위하여 장식과 스타일의 통일로 디자인의 효과를 얻었다. 이 신전의 디테일과 장식의 아름다움은 특이할 만한 것이었다.

그리스 후기 건축

그리스 후기Hellenistic period는 알렉산더 대왕 사후부터 그리스가 로마 제국의 지배하에 들어가기까지, 즉 B.C. 330년경부터 B.C. 146년까지를 말하며, 앞에서 설명한 그리스 시대 건축문화의 특질을 계승한 후기 그리스 건축Hellenistic architecture과 그리스 문화를 받아들인 이웃 나라의 건축으로 구별하여 생각할 수 있다. 후기 그리스 건축은 그리스 시대의 오더를 중심으로 동방 건축문화의 영향을 첨가하여 외관과 내용에 모두 특이할 만한 변화가 있었다. 순수한 그리스 양식과 비교하면 양식적 통일성이 결여되었지만, 후기 그리스 건축은 순정한 미를 지향하기보다 과학적 기초 위에 공업적으로 건축을 발달시켰기 때문에 로마 건축의 선구가 되었다고 할 수 있다.

후기 그리스 건축에서 가장 발달한 것은 아치 구조였다. 그리스 시대에는 아치 구조를 드물게 사용하였으나, 이 시대에 와서 많이 사용하게 되었다. 이때 사용한 아치 구조는 정식 홍예석voussoir을 사용한 구조였다. 그러나 아키트레이브architrave와 어떻게 결합하였는지는 아직도 명료하지 않으며, 로마 시대와 같이 광대한 공간을 덮는 볼트는 사용하지 않았던 것으로 추측된다. 이 시대의 대표적인 건축을 설명하면 다음과 같다.

● 페르가몬의 대제단

소아시아 지방에 있는 페르가몬Pergamon은 그리스 문화의 중요한 도시였으며, 해발 355m인 산 위에 상시와 하시가 건설되었다. 페르가몬 상시에는 급한 사면을 이용하여 1만 명을 수용할 수 있는 극장이 있었으며, 그 동쪽에 놓인 단구 위에 유명한 제우스의 대제단(B.C. 190년경)을 건축하였다. 이 건물은 큰 광장 안에 축조된 높은 기단 위에 있으며 양쪽에 익랑翼廊이 돌출되어 있다. 중앙계단이 매우 거창하고 이오니아 오더의 주랑柱廊이 건물 주위에 줄지어 있으며, 그 아래의 벽에는 그리스 후기의 특성을 잘 나타내는 거대한 부조가 있어 신들과 거인들의 싸움을 극적으로 묘사하였다.

아고라

그리스 후기에 가장 중요시되었던 공공건축은 상업 거래소였으며, 이것은 큰 광장을 중심으로 주랑식colonnade 건물에 둘러싸여 있는 건축

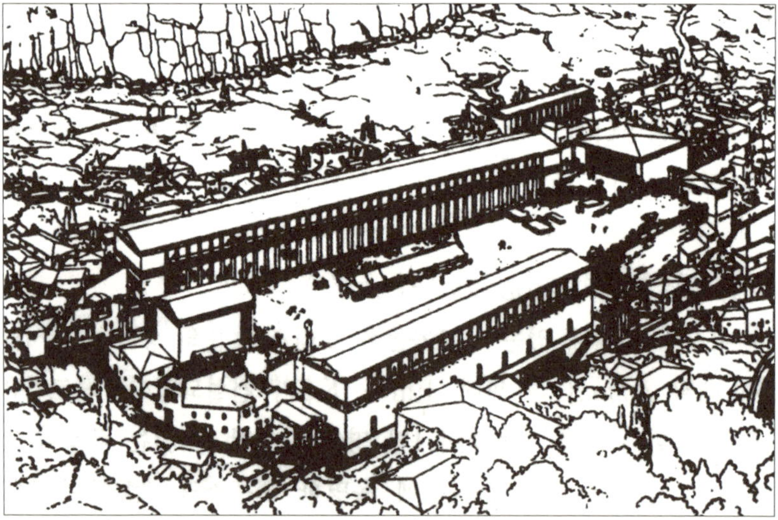

그림 32 아소스의 아고라

물이다(그림 32). 프리에네Priene와 마그네시아Magnesia · 아소스Assos의 것이 대표적이다. 아소스의 아고라Agora는 구릉의 경사지에 건립된 것으로 장방형의 평면을 가지며 서쪽에 있는 작은 신전에 입구가 있다. 북쪽에는 한쪽 벽면이 열주로 만들어진 2층집이 있는데, 2층의 주랑은 아고라를 면하고 있다. 그리스인들은 옥외 생활을 많이 했기 때문에 주랑이 많이 발달했을 것으로 추정한다.

로마
건축문화

그리스 건축문화의 융성은 건축문화사상 놀랄 만한 일이었으며, 그리스의 건축 활동은 그리스 본토뿐 아니라, 각 지방으로 전파되면서 건축양식에 지방적인 요소가 반영되어 점차 변화하는 양상을 보였다.

알렉산더 대왕 사후의 로마는 그리스 문화의 후계자로서 역사에 등장하였다. 로마 건축문화 발전의 중심지였던 이탈리아는 그리스와 마찬가지로 대륙에 접하여 지중해로 돌출한 반도이다. 그리스인은 문학·미술에 대한 선천적 재능을 가졌던 반면, 로마인은 무술을 존중하며 실천적이고 소박하며 인내심이 강했다. 전쟁을 많이 하였기 때문에 학자·사상가가 적은 대신 영웅호걸을 많이 배출했다. 로마를 중심으로 성장한 세력은 이탈리아 전 국토로 확장되었고, 카르타고Carthago의 영토였던 시실리Sicily 섬을 차지하기 위해 카르타고 전쟁을 일으켰다. 결국 로마는 세 차례의 전쟁 끝에 B.C. 146년 카르타고를 정복하여 당시의 서구세계를 제패하게 되었다. 그 결과 영토가 확대되어 각 영지에서 오는 조세로 나라의 경제력이 증대되었고, 로마시는 번영하여 대규모의 공공건축이 건설되었으며, 극장, 도로, 고가수도Elevated Aquaduck 공사가 시작되었다. 뿐만 아니라 로마의 문화는 그리스 문화를 기반으로 하여 고도로 발전하게 되었다.

B.C. 27년, 옥타비아누스Octavianus는 아우구스투스Augustus라는 존호를 받고 사실상 전제정치를 하였기 때문에 실질적으로는 제정이 시작

되었다. 로마의 제정시대는 이때부터 시작하여 서로마 제국이 쇠퇴하고 동로마 제국이 전권을 갖게 된 서기 476년까지를 말한다. 건축에서는 서기 313년 콘스탄티누스Constantinus 황제의 그리스도교 공인까지를 로마 건축시대로 구분하여 생각한다. 아우구스투스 시대는 문학에서도 황금기였으나 그 후 폭정이 계속되었다. 서기 98년 트라야누스Trajanus 황제 때에 이르자 치적이 좋아지고 건축도 재흥하였으며, 하드리아누스Hadrianus 황제 때는 제2의 로마문화 황금시대를 형성하였다.

로마의 종교는 다신교로서 매우 잡다하였기 때문에 그리스 시대와 같은 큰 역할을 하지 못했다. 로마인은 이지적이고 냉정하여 그리스인처럼 신화 속에서 민족의 이상을 꿈꾸지는 않았다. 그러나 로마의 신화는 로마인의 세계정복을 위해 인내하고 노력하도록 했다. 유럽을 정복한 후 각 지방의 종교들, 즉 이집트 및 페르시아 등에서 신봉되던 종교가 유포되었으나, 당시에 있었던 사상적 혼란을 구할 수는 없었다. 이때 아우구스투스 치하에서 새로운 종교로 그리스도교가 출현하였다.

로마 건축은 의장방면에서 그리스 전통을 이어받았으며, 구조방면에서는 에트루리아의 전통을 계승하였다. 전자의 영향은 오더를 사용하며 장식을 많이 쓴 점을 통해, 후자의 영향은 아치·볼트 구조 등 그리스에 없었던 건축 요소들이 주로 사용된 점을 통해 알 수 있다.

로마 건축의 주재료는 돌이었다. 또한 일종의 콘크리트를 발명하여 건축에 많이 사용했으며, 부분적으로는 벽화도 사용했다. 초기의 석조는 사각형의 응회석凝灰石을 사용하여 모르타르 없이 거석적인 느낌을 주었으나 점차 견석堅石을 사용하게 되었다. 콘크리트는 화산재와 석회 및 자갈을 혼합하고 응고시켜서 만들었다. 콘크리트는 고대부터 기초

등에 사용되었으나, 벽체 구조로는 2세기경부터 사용하였으며, 이와 같은 콘크리트 구조법은 로마가 처음 시작하였다(그림 33).

로마에서 사용한 볼트로는 반원통형 볼트barrel vault와 교차 볼트cross vault가 있다. 반원통형 볼트는 그것이 덮는 사각형 평면의 양쪽 2변의 벽에만 압력을 가하므로 나머지 2변은 아치형으로 만들어 개방이 된다.

교차 볼트는 일명 그로인 볼트groin vault라 하여 정방형의 평면을 덮으며, 압력이 네 모퉁이隅部에 걸린다. 따라서 네 모서리 부분에 충분한 지지력이 필요하게 되며, 4변이 모두 아치형이기 때문에 4방향으로 개방된 공간을 형성한다(그림 34). 또 원형 평면의 경우는 그 공간 상부에 돔이 축조되었다.

오더로는 투스칸Tuscan · 도리스Doric · 이오니아Ionic · 코린티안Corinthian · 콤퍼지트Composite의 5형식이 사용되었다(그림 35).

로마 시대에는 도릭 기둥에도 주초를 사용하고, 주두에는 그리스에

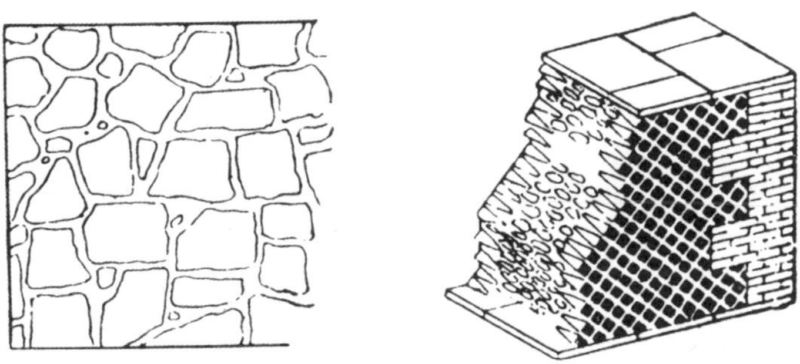

(a) 부정형 쌓기

(b) 그물 모양 쌓기

그림 33 로마의 돌을 쌓는 방식

그림 34 반원통형 볼트 (a)와 교차 볼트 (b), (c)

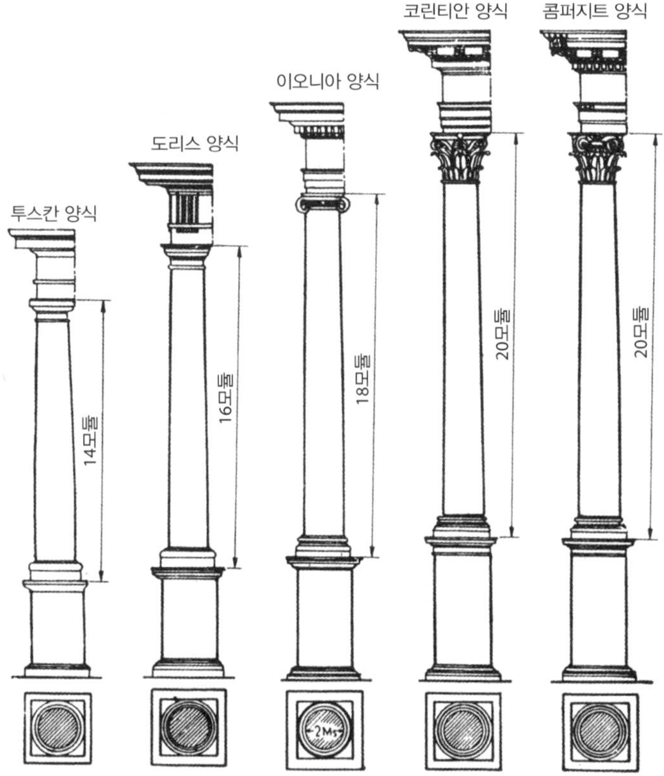

그림 35 로마 건축의 오더

없던 쇠시리astragal를 두르게 되었다. 도릭 기둥에서 세부장식을 모두 제거하면 투스칸 기둥이 된다. 이오닉 기둥은 그리스 시대보다 탄력성이 없어지고 그 소용돌이 모양의 아름다움도 줄어들었다. 로마인은 코린티안 기둥을 애용하였으며, 각 부분의 취급은 그리스와 같았으나 변화가 많아졌다. 주신shaft은 농백색의 돌일 때는 연마하고, 담색일 때는 24줄의 플루팅을 만들었다. 후에는 독창적으로 조합식 주두의 콤퍼지트 기둥을 만들었는데, 이것은 상반부에는 이오닉 주두를, 하반부에는 코린티안 주두의 밑부분을 조합한 것으로 티투스Titus의 개선문에 처음으로 사용되었다고 전해진다. 기둥의 길이는 그리스 시대에 비하여 대체적으로 세장해졌다(그림 36).

건축 장식에 있어서는 그리스의 전통을 계승하였으나, 그 방법이 심미적이 아니라 실리적이었다. 예컨대 둥근 기둥의 사용법도 구조적 역할이 아닌 장식적 요소로서의 가치만을 활용하도록 벽체에 붙여 사용하였다. 특히 둥근 기둥과 아치의 조합에서는 둘의 조화를 위해 주의를 기울였으며, 이 수법은 르네상스 시대 건축에 큰 영향을 끼쳤다.

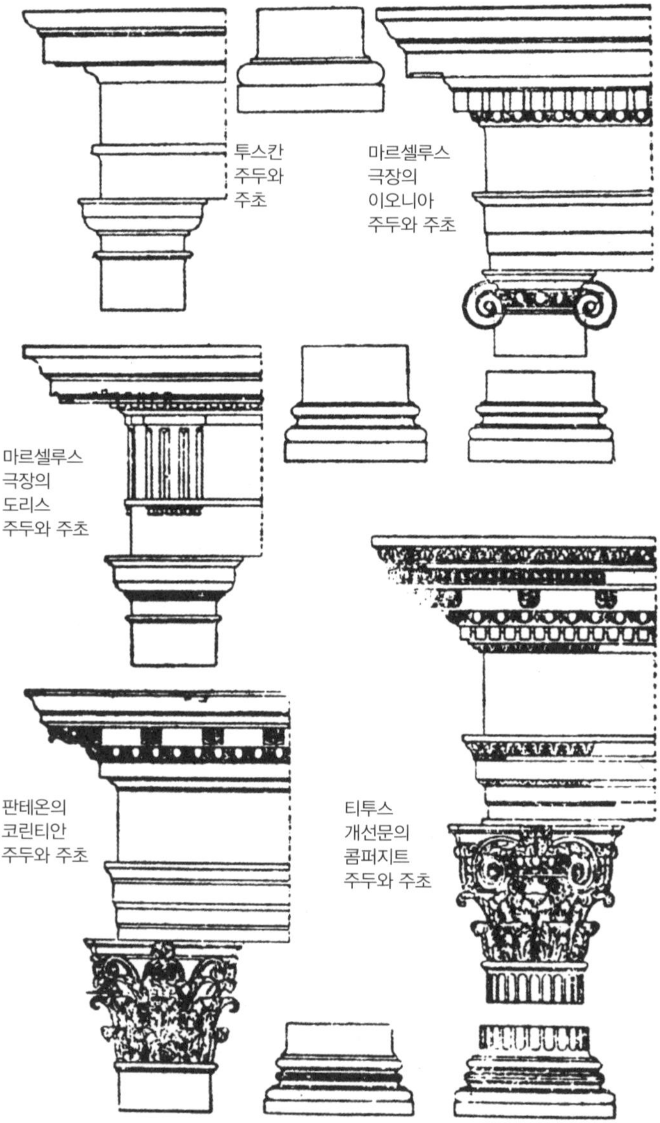

그림 36 로마 건축 오더의 주두와 주초

로마 건축 실례

로마의 건축은 다양한 종류의 전례가 있으나, 신전건축과 그들의 민족성 및 사회생활의 기반이었던 공공건축이 많이 세워졌다. 그 중요한 예를 설명하면 다음과 같다.

● 포룸

포룸Forum은 그리스의 아고라와 같은 기능을 가졌던 건축으로 옥외 집회소 또는 시장으로 사용했다. 포룸에는 보통 주랑柱廊을 가진 공공건축 등이 모여 있었으며, 그 안에 기념건축물을 건설하였기 때문에 대표적인 로마 건축들이 모여 있는 장소였다(그림 37).

최초의 포룸은 공화정 시대에 만든 포룸 로마눔Forum Romanum으로 주로 신전 및 중요 공공건축이 모여 있었다. 그 후 이 포룸의 주위에 역대 황제였던 율리우스 카이사르Julius Caesar·아우구스투스·베스파시아누스Vespasianus·네르바Nerva·트라야누스Trajanus들이 각각 포룸을 건설하였다. 모든 포룸은 좌우균제左右均齊한 평면을 갖고 있다.

가장 대표적인 트라야누스 포룸은 경역이 310m×180m에 이르는 대규모였다. 이 포룸의 정문에 들어서면 주랑이 둘려 있는 광장이 있고, 맞은편에는 바실리카 울피아Basilica Ulpia가 서 있다. 그 뒤로는 주랑이 서 있는 뜰 속에 트라야누스를 신격화한 신전 건물이 있다.

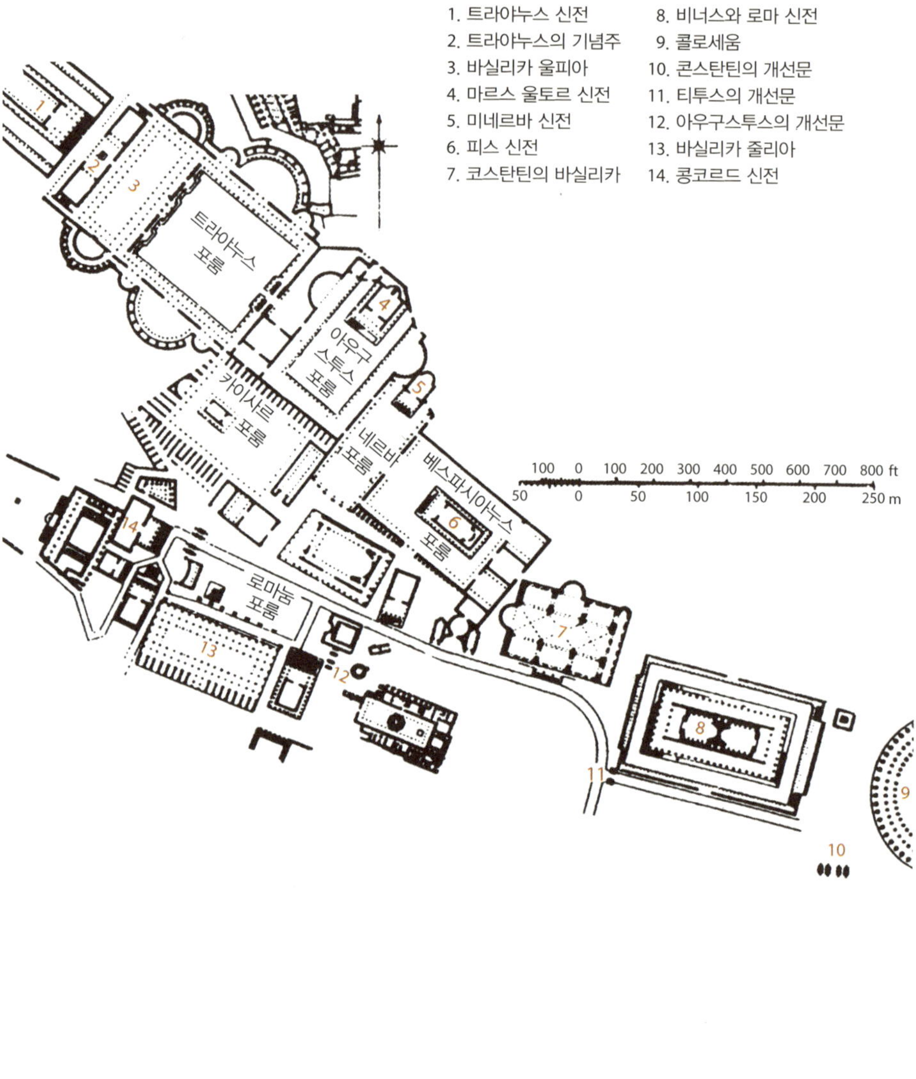
1. 트라야누스 신전
2. 트라야누스의 기념주
3. 바실리카 울피아
4. 마르스 울토르 신전
5. 미네르바 신전
6. 피스 신전
7. 코스탄틴의 바실리카
8. 비너스와 로마 신전
9. 콜로세움
10. 콘스탄틴의 개선문
11. 티투스의 개선문
12. 아우구스투스의 개선문
13. 바실리카 줄리아
14. 콩코르드 신전
트라야누스 포룸
아우구스투스 포룸
카이사르 포룸
네르바 포룸
베스파시아누스 포룸
로마눔 포룸
100 0 100 200 300 400 500 600 700 800 ft
50 0 50 100 150 200 250 m

그림 37 로마의 포룸

신전

로마의 신전건축은 그리스의 신전과 같은 엄연한 규준이 없었으며, 다소 자유롭게 변화하는 외형을 가졌다. 그 이유는 로마의 신전이 그리스와 달리 종교적인 것보다 기념적인 의미에서 건축되었기 때문일 것이다. 신전의 양식은 그리스와 유사하나, 에트루리아 요소도 혼합하여 순수한 그리스 양식과는 다소 다른 점이 있었다.

예를 들어 그리스 신전은 3단의 기단stylobate 위에 세워졌지만, 로마의 신전은 높은 고단 위에 존재했다. 신전의 프로나오스pronaos는 그리스보다 깊고 에트루리아 신전에 가까웠다. 또한 그리스 신전은 측면이 전면의 2배 이상이었으나, 로마 신전은 깊이가 깊지 않았다. 그리스 신전은 동쪽을 면하는 것이 원칙이나, 로마에서는 방향의 규준이 존재하지 않았다. 또한 평면 형식으로는 원형·다각형이 많이 사용되었다. 그중 원형 평면은 판테온과 같은 대규모의 건축에도 사용되었으며, 후대에는 그리스도교 건축의 세례당baptistery 등에 많이 사용하게 되었다.

판테온

원형 평면의 신전건축인 판테온Pantheon은 가장 완벽한 건물로 유명한, 로마 건축을 대표하는 걸작 중 하나이다. 이 건물은 아폴로도로스Apollodoros가 설계한 것으로 추측한다.

B.C. 27년 아그리파Agrippa는 칠성七星에 봉헌하기 위해 사각형의 신전을 건축하였으나, 이것은 트라야누스 시대에 파괴되었다. 이후 하드리아누스 황제가 규모를 확장한 원형 신전으로 계획하여 118년부터 128년간에 재건한 것이 현재의 건물이다. 정면 주랑으로 되어 있는 전

실은 8주식 코린티안 오더이며, 평면의 깊이는 15.6m, 정면은 34.07m이고 5개의 단 위에 서 있다. 16개의 기둥은 각각 지름 1.48m, 높이 14.14m의 화강암 단석체로 이루어졌으며, 열주 상부에 있는 엔태블러처는 그리스 건축문화의 영향을 매우 잘 나타낸다(그림 38).

정면의 홀은 구형 평면으로, 그 중앙에 위치한 주출입문으로 들어가면 커다란 원형 평면을 가진 높이가 높은 공간이 나온다. 이것을 로톤다rotonda라 칭하며, 실내 지름 43m, 천장 높이도 43m이다. 바닥면은 대리석과 화강석의 색석으로 원형과 정방형 문양들이 간명하게 반복되며, 돔 정상의 둥근 천창에서 투광되는 밝은 햇빛이 아름다운 공간 분위기를 형성한다. 특히 내부 공간이 태양의 일주운동에 따라 시시각각 변하고 조명되기 때문에 특이한 감흥을 느낄 수 있다. 지름 8.9m의 천창天窓에서 들어오는 광선은 내부에 형용할 수 없는 극적인 공간의 깊이와 명암의 효과를 부여하며, 넓은 우주와 이를 지배하는 질서의 신비함을 느끼게 한다. 이 건축 공간은 전 시대의 건축양식에서 찾아볼 수 없었던

그림 38
판테온의 정면

그림 39 판테온의 내부

건축 내부 공간 특유의 미를 연출하였기에 높이 평가된다(그림 39).

판테온은 신전이었지만, 하드리아누스 황제는 원로의원들과의 국정논의장이나 법정, 알현 홀로 이용했다고 한다. 이 건물은 반구와 원통 구조에 그리스 신전의 정면 모양을 조합하는, 대담한 착상으로 만들어졌다. 이 건물은 당시 콘크리트 공법의 최고 기술 수준을 나타낼 뿐만 아니라, 장대한 제국적인 표현을 보여 주면서도 그리스적인 명쾌하며, 절도 있는 건축 공간구성을 갖는 훌륭한 건축물이다. 판테온을 건축할 때 하드리아누스 황제가 실제 어느 정도 관여하였는지 알 수는 없으나, 그 기본적인 구상을 황제 자신이 결정한 것으로 전해진다.

● 바실리카

바실리카Basilica는 로마 시대의 재판과 집회 및 상업거래에 사용했던 건물로, 후에 초기 그리스도교 건축 교회당의 건축 규준이 되었다(그림 40).

일반적으로 장방형의 평면을 가졌으며, 그 길이는 폭의 2~3배였다. 바실리카의 내부에는 2줄 혹은 3줄의 열주가 서 있으며, 공간은 네이브nave와 아일aisle로 구분된다. 법관의 자리는 실내 정면 중앙에 뒤쪽으로 들어간 반원형 평면으로 되어 트리뷴tribune이라 하며, 이 내부에 제단이 있어 재판하기 전 반드시 제물을 바쳤다고 한다.

트라야누스 포룸에 있는 바실리카 울피아는 평면이 41.5m×128m인 장방형으로, 양쪽 끝에 반원형 평면의 앱스apse가 붙어 있다. 출입구 앞에는 큰 중정에 있으며, 바실리카의 내부 공간은 클리어스토리의 창을 통해 공간 상부로부터 채광이 이루어지고 로마식의 광대한 공간을 잘 나타내었다. 후에 바실리카 건물 형식을 교회당 건축에 사용할 때는 출입구의 위치를 바꾸어 한쪽 끝 앱스를 없애고, 그곳에 주출입구의 공간을 형성하여 교회당 평면의 주축主軸이 바실리카 울피아 평면의 장축에 맞추어 놓게 되었다.

로마의 콘스탄티누스 황제 바실리카는 서기 312년 막센티우스 Maxentius 황제 때 착공된 것이다. 건물은 약 100m×65m 크기의 콘크리트 기단 위에 서 있으며 평면이 3랑식으로 되어 네이브와 아일이 있다. 깊이 80m, 스팬 25m, 높이 35m의 크기로 된 네이브는 볼트로 축조하였으며, 네이브 위의 클리어스토리가 채광을 담당하고 있다.

원형 경기장

원형 경기장Amphitheatre은 무용이 뛰어나고, 살벌했던 로마인의 기풍

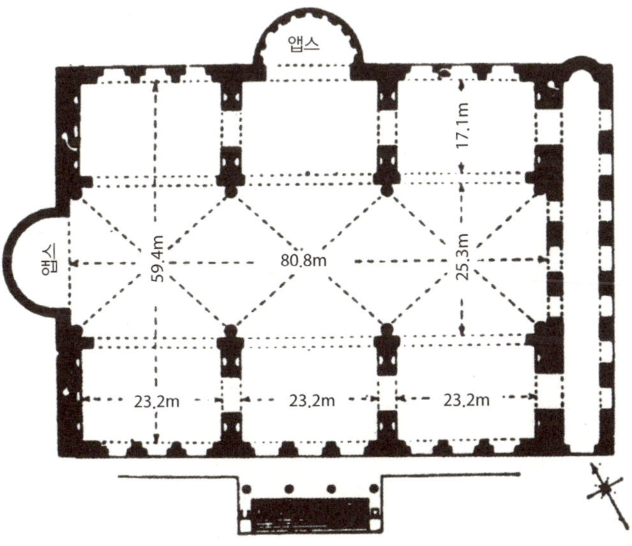

그림 40
콘스탄티누스 황제 바실리카 평면

에 의해 주요 도시마다 건조되었던 로마의 특이한 건축이라 할 수 있다. 이 건축물은 해군의 박람회장으로도 사용되었을 것이라 추측되며, 물을 끌어들인 수도의 유적도 발견되었다. 로마의 투기장은 콜로세움Colosseum 이라 부르며 그 규모가 가장 장대한 것으로 유명하다. 이것은 플라비아누스Flavianus 투기장이라 칭하기도 하며, 서기 70년 베스파시아누스 황제가 기공하여 서기 82년 도미티아누스Domitianus 황제 때 준공하였다(그림 41, 42).

이 평면은 187.8m와 155.6m의 축을 가진 타원형으로 주위에 4단으로 구분된 계단형의 관람석이 있고, 최하 좌석의 아래에는 동물 등을 넣는 감방이 있다. 이 건축은 주로 응회석을 사용하였으며, 모르타르 없이 쌓고, 철물을 써서 접합 부분을 연결하였으며, 내벽은 벽돌을 사용하였다(그림 43). 외관은 4층으로, 1, 2, 3층의 외벽 기둥이 각각 도리스·이오니아·코린티안의 오더로 구성된 아케이드arcade로 되어 있으며, 좌석은 5만 명을 수용할 수 있었다고 한다. "콜로세움이 존속하는 한 로마는 번영하

그림 41
콜로세움

그림 42 콜로세움 내부

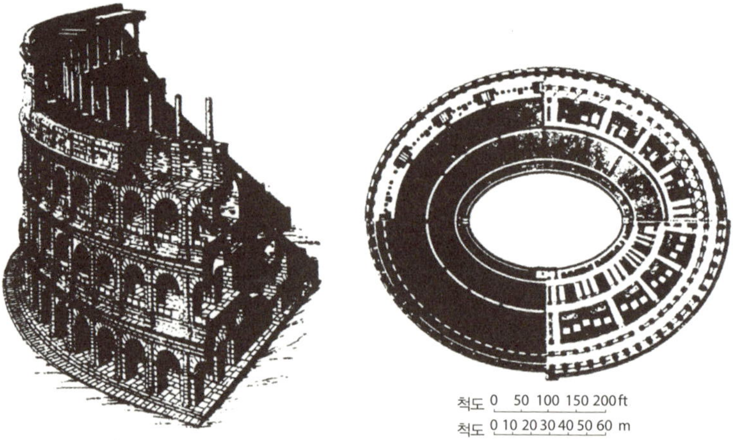

그림 43 콜로세움의 단면과 평면

그림 44 콜로세움 조감도

그림 45 콜로세움의 내부 조망

그림 46 내측에서 보이는 콜로세움의 벽체

고 이것이 함락하면 로마도 함락하리라"고 하였을 만큼 당시의 외관은 대로마의 세력을 상징하는 기념적인 건물이었다(그림 44, 45, 46).

● 욕장

공중 목욕탕은 로마 특유의 건축 중 하나로, 모든 것을 완비한 위락 시설이었다(그림 47). 이것은 현대의 클럽과 같이 사회생활의 휴양처로서 로마인의 생활에 있어 가장 중요한 위락시설이었으나, 5세기 이후 사용하지 않게 되어 지금은 폐허가 되었다.

건축의 구성은 중앙건물·광장·외곽건물의 세 부분으로 되어 있으며, 중앙건물은 목욕탕으로 휴게용 온탕실tepidarium · 열탕실calidarium · 한증실laconicum or sudatorium · 냉탕실frigidarium의 네 부분이 있고, 이에 접하여 탈의실·화장실·유희실·도서실·소극장 등이 부속되어 있었다. 광장은 중앙건물 주위로 유보장 또는 운동경기장으로 사용되었다.

외곽건물은 클럽의 역할을 하는 건물로 강당과 숙소 및 점포 등 기타 시설들이 있다.

그 실례로는 로마에 있는 212년 카라칼라Caracalla 황제에 의하여 건설된 카라칼라의 욕장Thermae이 있다. 이것은 가장 대표적인 로마 시대의 욕장으로 1,900명이 동시에 목욕할 수 있는 시설을 완비하였다고 한다. 이 건물군은 약 450m 사방으로 20ha의 규모를 갖고 있었으며, 중앙의 큰 건물은 약 228m×116m의 장대한 외관을 가졌다. 중앙 홀은 56m×24m의 크기로, 높이가 33m이며 3개의 크로스 볼트로 덮여 있었다. 구조는 콘크리트로 볼트를 사용하였으며, 장식이 화려하고 바닥은 모자이크로 되어 있었다.

(a) 냉탕실(복원도)

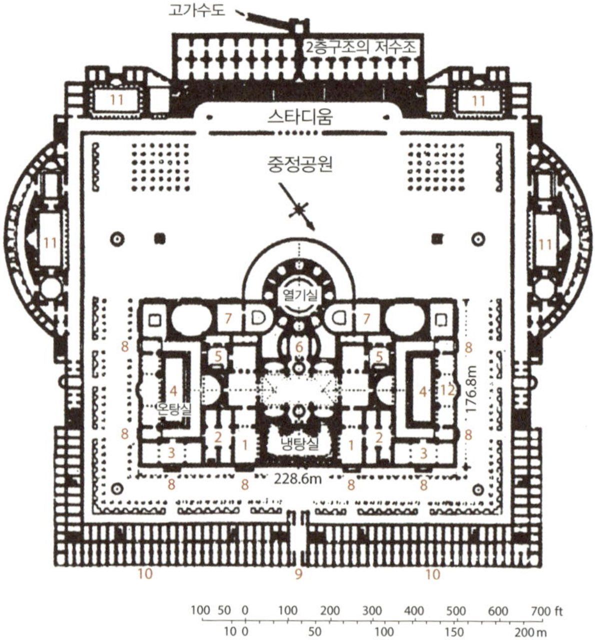

1. 전실　2. 계단실, 탈의실　3. 입구 홀　4. 개방된 주랑
5. 고열기실　6. 전실　7. 온탕실　8. 입구
9. 주출입구　10. 포치와 객실 및 상점　11. 강당, 도서관　12. 체육관

(b) 평면

그림 47　카라칼라의 황제 욕장의 냉탕실 내부 및 욕장 평면

04

중세 건축문화

초기 그리스도교 건축

그리스도교의 발생은 서양건축문화의 발전 과정에서 가장 중요한 역사적 사실이다. 중세에 들어서면서 중요한 건물은 거의 모두 그리스도교에 의하여 건립되었으며 대부분의 건축이 그 영향을 받았다.

그리스도교는 헤브라이인의 일신교에서부터 발전하여 시작된 종교이다. 이 종교는 예수 그리스도가 창시하였으며, 그의 뒤를 이어서 활동한 사도Apostle들의 선교로 절대적인 세력을 형성하여 전 세계로 전파되었다.

그리스도는 B.C. 6년경에 베들레헴Bethlehem에서 탄생하였다. 그는 스스로 메시아Messiah(그리스 언어로는 그리스도)라 칭하고 새로운 세계주의적 사랑을 주창主唱하는 하나님의 복음을 전파하였다. 그리스도교는 로마의 네로Nero 황제 때에 큰 박해를 받아 많은 순교자를 내었으나, 박해를 받을수록 더 열심히 전도하여 그 신앙에 귀의하는 사람이 급속히 증가하였다.

콘스탄티누스 황제의 아버지와 어머니는 그리스도교를 믿었으며 콘스탄티누스 황제도 그에 감화를 받았다. 당시 황제의 호칭을 가진 다섯 사람이 제위 계승을 위해 다투었는데, 콘스탄티누스 황제는 십자군 기를 세워 그리스도 교도들의 적극적인 원조에 힘입어 제위를 계승할 수 있었다. 이 일을 계기로 그리스도교는 313년 밀라노Milano에서 칙령勅令으로 공인받았으며, 그 후 전 세계에 전파되었다.

초기 그리스도교 건축시대는 고전 건축문화와 중세 건축문화 사이의 과도기였다. 이 시대의 건축 활동은 로마 건축문화의 연속이라 할 수 있을 정도로 건축적 수법에 큰 변화가 없었고 아치 구조법에서만 다소 발전을 보였다. 그러나 그리스도교는 국경을 넘어서 세계 각처로 전파되었고 이를 신봉하는 여러 민족이 강한 협동정신으로 결합하여, 초기 그리스도교 건축문화는 이와 같은 정신적인 결합 위에서 발전하였다. 이 시대의 건축은 대부분 그리스와 로마 시대의 건축적 요소들을 그대로 계승하여 사용했으나, 새로운 사랑의 복음을 전파하고 실천하는 종교적인 건축 공간을 새로이 창출하는 역할을 담당하였다. 이러한 의미에서 초기 그리스도교 건축시대는 건축문화혁명의 시대였다고 할 수 있다.

그리스도교는 예수 그리스도를 통해 계시된 하나님의 사랑과 은혜로써 인간의 구원이 이루어진다는 것을 주장한다. 교회는 그리스도가 머리가 되고 교인들이 그 지체가 되어서 구원의 선교 사업을 실천하여 천국을 지상에 실현하는 것을 목적으로 하는 공동체이다. 교회당은 이 공동체의 종교 활동을 위한 공간이다. 그리스도교의 신자들은 이곳에 모여 기도를 하고 예배의식을 행하며 선교 활동을 한다. 따라서 그리스도교 건축에서 핵심이 되는 건물은 교회당 또는 성당Domus Ecclesiae이다. 주교좌가 있는 대성당에서부터 작은 교구회당에 이르기까지 서구에서는 수많은 교회당이 계속 건축되었다.

그리스도교가 국교로 공인된 이후 처음으로 융성한 곳은 수도인 로마였다. 그리스도교 건축은 초기 발생지에서는 건축적 전통을 아직 형성하지 못했으며, 종교 자체가 처음에는 좋은 회당을 필요로 하지 않았기 때문에 국교가 되기까지는 특수한 형식의 종교 건축이 존재하지 않았다. 그러나 국교로 인정받은 이후부터 그리스도교 건축은 로마 건축을 기초로 하여 그리스도교의 이념에 따라 발전하기 시작하였다.

초기의 그리스도교 건축은 종교의 성격상 경제적으로 부유하지 못해 그들의 종교 활동을 충족시키는 정도의 건축이었다. 즉, 로마 신전들의 일부 건물과 바실리카를 이용하였으며, 그중에서도 바실리카 울피아의 평면이 교회당 건축의 원형이 되었다. 그 건물의 한쪽 끝에 있는 앱스를 없애고 그 위치에 출입구와 홀을 배치하여 소위 바실리카식 교회 Basilican church를 만들게 되었다.

이 시대의 사용 재료·구조법 등은 로마 건축과 동일하였으나 세례당과 같은 독특한 건축이 생겨났다. 특히 이 시대의 건축은 중세 전체를 통해 크게 발전한 그리스도교 건축의 출발점으로 매우 중요한 의미를 갖는다.

초기 그리스도교 건축에서의 형태 취급은 덜 세련되었으며, 실내장식은 그리스와 로마의 건축 장식 전통에서 벗어나 새로운 색채적 효과로 독창적인 깊이를 나타내었다. 이와 같이 과거의 장식 전통과 절연하여 중세 건축을 위한 자유로운 발전의 터전을 마련한 것이 이 시대의 큰 공적이라 할 수 있다. 또한 종교적 분위기를 표현하는 독창적 방법으로는 모자이크를 사용하였다. 로마 시대에는 바닥에만 모자이크를 사용하였지만, 이 시기부터 벽면·천장 등에도 사용하여 성자·사도들을 표현한 많은 걸작이 남아 있다. 장식문양은 성경에서 유래한 포도·감람나무가지·양·비둘기·물고기 등을 사용하였으며, 그리스도교의 상징으로 I와 X, P 및 a, w 등의 문자를 사용하였다.

초기 그리스도교 건축 실례

● 바실리카식 교회

그리스도교가 공인되면서부터 교회당 건축이 생겼으며, 로마의 재판소인 바실리카의 형식을 따라서 건축하였다(그림 48). 이는 그 건축 형식이 그리스도교의 예배의식을 거행하기에 적합하였기 때문일 것이다. 이 평면 형식은 그리스도교 이념에 의하여 계속 발전하여 중세의 고딕Gothic 건축양식을 형성하는 기초가 되었다.

바실리카식 교회에는 주위를 아케이드로 둘러싼 아트리움atrium이라는 전정이 있으며, 그 공간 중앙에는 천수지 등이 있어 신자들이 세례의식을 거행하였다. 회당의 앞부분은 나르텍스narthex이며, 정면에 열주가

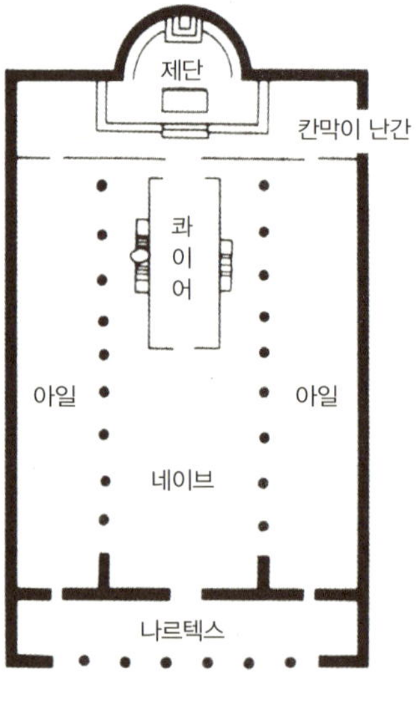

그림 48 바실리카식 교회당

있는 전실이다. 그 내부는 예배에 사용하며, 프레스비테리움presbyterium · 네이브·아일의 세 부분의 공간으로 구성되었다. 프레스비테리움은 반원형으로 들어간 부분인 제실과 측면에 있는 트랜셉트transept로 구성되며, 여기에 주교좌 및 사제석·제단altar 등이 있고 그 전면에 간막이 난간cancelli이 있다. 네이브 및 아일은 로마의 바실리카와 같은 구조로, 열주가 공간을 구분하고, 네이브가 아일보다 지붕이 높으며 클리어스토리에서 채광이 이루어진다. 네이브에는 콰이어choir가 있으며 설교대가 놓여 있다. 아일은 네이브 폭의 반 정도이며 큰 교회당에서는 아일 공간의 중간에 열주가 있어 아일이 2랑식으로 된 것도 있다. 때로는 아일에 2층을 만들어 부인석인 트리포리움triforium을 만들기도 하였으며 지붕은 대부분 목조였다.

내부 장식으로는 모자이크를 많이 사용하였고 인물과 성사聖事의 발자취 등을 표현하였으며, 바닥도 기하학적 문양의 모자이크로 되어 있다.

당시 건립된 수많은 교회 중 중요한 실례를 들면 다음과 같다.

옛 산피에트로 대성당

산피에트로San Pietro 대성당은 333년 콘스탄티누스 대제가 로마에 건립한 것으로 16세기에 파괴되어 현재는 그 자리에 르네상스식 대성당이 있다(그림 49). 이 대성당은 사도 베드로의 무덤 위에 세워졌다는 사실이 확인되면서 가톨릭교회의 교황좌가 있는 곳이 되어 매우 장대한 규모로 건축되었다.

예전의 대성당은 계단을 올라가 전문을 들어서면 아트리움이라 하는 중정이 있었고, 그 중앙에 천수지가 있었다. 그 안쪽에는 회당의 나

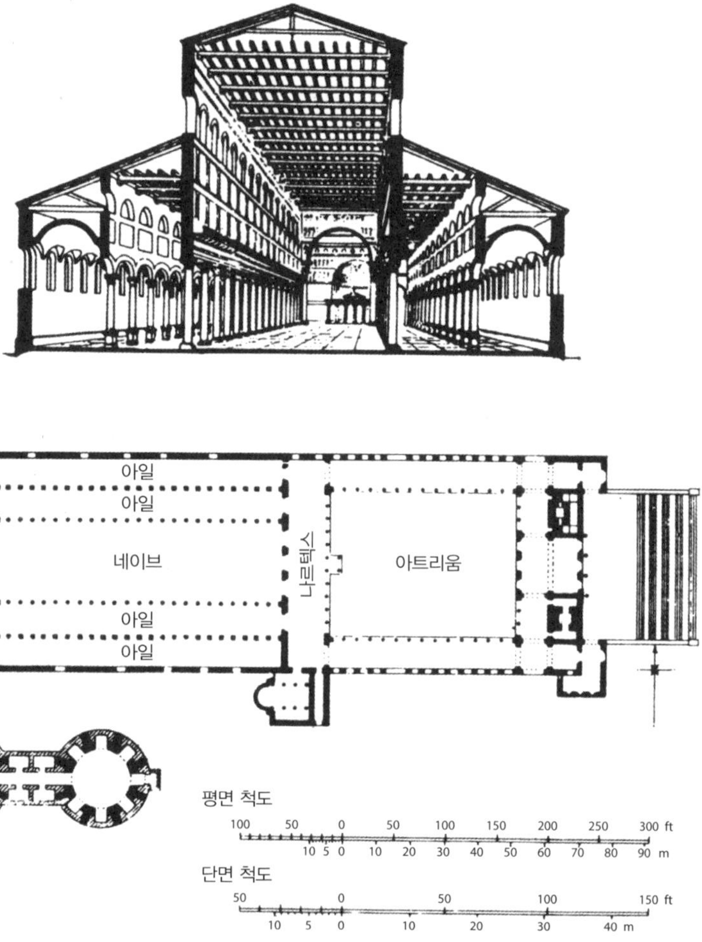

그림 49 옛 산피에트로 대성당의 복원 단면과 평면

르텍스가 있으며 한쪽 끝에 종탑이 서 있었다.

아일은 2랑식이었으며 네이브의 안쪽 중앙에 큰 아치가 서 있고 그 뒤에 제실이 놓여 있었다. 트랜셉트가 좌우로 돌출하여 라틴 크로스Latin cross(한쪽을 길게 만든 십자가)의 형이었으며, 그 돌출부에는 세례당과 성기실이 있었다고 한다. 평면의 크기는 폭 64m, 길이 114m이며, 네이브의 폭은 24m였다.

● 예루살렘 성묘성당

콘스탄티누스의 어머니 헬레나Helena는 아들보다 먼저 그리스도교인이 되었다. 그는 예수가 십자가에 못 박힌 골고다Golgotha 언덕과 예수가 매장되었던 묘를 찾아가 보았으며, 콘스탄티누스 황제와 헬레나는 336년경 이 장소에 성묘성당을 건축하였다. 그 후 613년경에 페르시아인들에 의해 파괴되었다가 다시 몇 세기에 걸쳐 재건되었다(그림 50).

이 성당의 복원 평면의 구성은 전면에 아트리움이 있고 나르텍스를 지나 5랑식 바실리카 교회당인 마르티리움Martyrium으로 들어가게 되어 있다. 마르티리움은 금색으로 칠한 우물천장이 있고 벽은 대리석이었으며, 제실 부분의 벽에는 12사도를 상징하는 12개의 원주가 있었다. 제실 뒤에는 제2아트리움이 있으며, 그 안쪽에 있는 로톤다rotunda 공간 중앙에는 예수가 묻혔던 무덤인 성묘Holy Sepulcher가 있고, 그 주위에 중층의 주회랑ambulatory을 돌린 원당건물이 서 있어 아나스타시스 로톤다Anastasis Rotunda, 즉 부활의 원당이라 칭했다. 마르티리움 제실 부분과 인접한 제2아트리움의 한쪽 구석에는 갈보리Calvary(또는 골고다. 예수가 못 박힌 곳)에 위치하고 있는 소당crux이 있다.

예수가 십자가에 매달리고 묻힌 장소에 기념성이 많은 전통적 원당 건물을 건축하여 이 장소를 기념하는 것은 콘스탄티누스 황제와 헬레나에게 너무도 당연한 일이었다. 동시에 바실리카식 교회당은 많은 순례자들에게 예배에 필요한 공간을 제공하였다.

여러 세기를 거쳐서 그리스도교 건축에서는 직선적인 평면과 원형적인 평면을 통합하고자 하는 시도가 이어졌다. 이 성당은 그 짜임새로 볼 때 이 두 종류의 평면 형태가 비교적 약하게 연결되어 있다. 이것의 훌륭한 통합은 이로부터 2세기 후에 건축된 성 소피아Hagia Sophia 성당에서 이루어지게 되었다. 성묘성당은 중세의 가장 중요한 순례지였으며

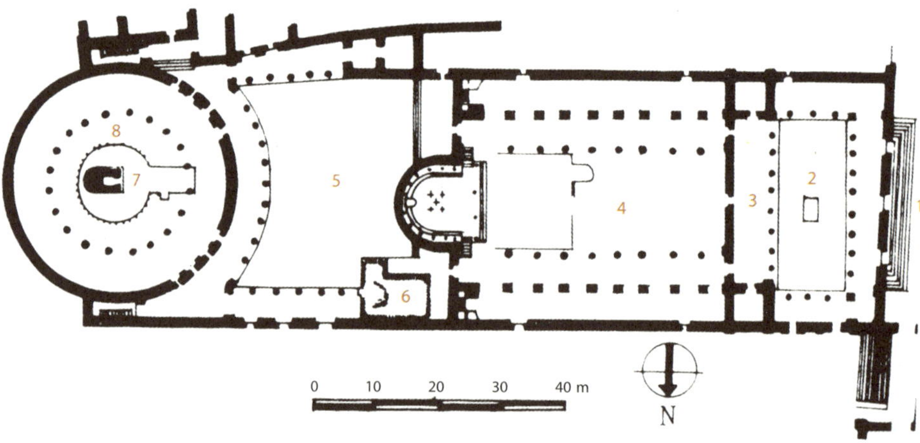

1. 시장으로부터의 입구
2. 아트리움
3. 나르텍스
4. 바실리카
5. 제2아트리움
6. 예수가 못박힌 자리
7. 성묘
8. 로톤다

그림 50 예루살렘 성묘성당 복원 평면

이 성당에 있는 아나스타시스 로톤다의 원당 건축 형식은 교회건축에서 자주 채택되어 계속 사용되었다.

세례당

이것은 그리스도교 교의에 의하여 생긴 독특한 건축으로 세례는 그리스도 교도의 중요한 입교의식이며, 이 의식을 거행하기 위한 건물이 세례당baptistery이다. 일반적으로 회당 밖에 만들었으며 그 중앙에 세례 의식에 필요한 수조가 놓인다.

세례당은 도시에 1개씩 만들었으며 교회당의 아트리움 옆에 만들기도 하였다. 평면은 로마의 원형·다각형 신전의 평면에서 발전한 형식을 사용했다. 교회당 내부 공간의 네이브, 아일과 같이 원형 평면의 중앙에는 네이브가 있고 그 주변에 주회랑이 있어 내부 공간은 클리어스토리를 통해 채광되었다.

예인 콘스탄티누스의 세례당은 라테라노 성당Laterano Church에 인접하여 있으며, 콘스탄티누스 대제가 이곳에서 세례를 받았다고 한다. 그 구성은 팔각형 평면으로 8개의 원주가 있다.

산타 코스탄차 성당

로마에 있는 산타 코스탄차Santa Constanza 성당은 345년경에 건설되었으며, 평면이 중앙집중식으로 콘스탄티누스 황제의 딸을 위한 세례당으로 건축되었다. 입구 부분 홀의 휘어진 양 끝 벽은 사람을 친절하게 맞아들이는 것 같은 느낌을 주며, 그 내부 공간은 규모가 작으나 인간적인 척도 개념을 느끼게 한다. 중앙에는 높은 로톤다 아래에 제단이 있으며,

그 주위를 쌍기둥으로 된 열주가 둘러싸 주회랑을 형성한다. 중앙의 높은 클리어스토리에서는 빛이 넘쳐흐르고, 그 주위에 기둥들이 내부 공간의 부드러운 운동적인 분위기를 형성함으로써 판테온의 정적인 공간과는 대조를 이룬다.

이 성당은 바실리카의 공간적 배치를 중앙집중식 건물에 적용시킨다는 새로운 개념을 구현하였다. 중앙집중식인 내부 공간은 천상天上의 돔이라는 영적인 내용을 상징하며, 이 성당이 지니는 가치와 열망을 표현하고 있다.

입구에서부터 시작되는 동선의 장축이 중요시되면서 중앙집중형으로 계획된 이 성당은 후대의 집중식 교회당 건축 발전에 많은 영향을 미쳤다.

성 스테파노 로톤도

성 스테파노 로톤도St. Stefano Rotondo 성당은 483년에 건립된 원형 평면 형식의 교회로, 지름이 66m인 두 줄의 원주가 늘어서 있다(그림 51).

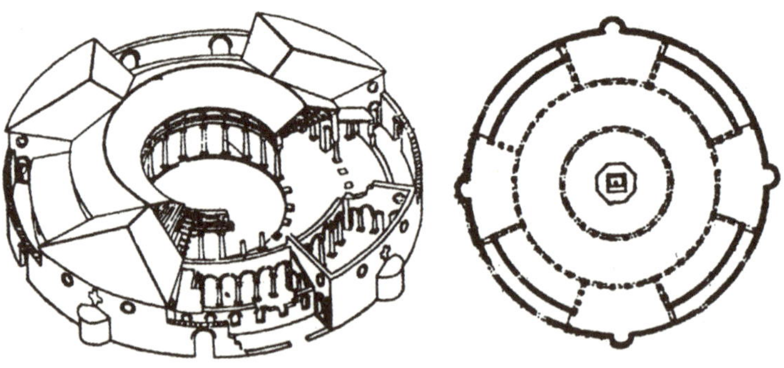

그림 51 성 스테파노 로톤도 성당의 외관과 평면

22개의 도리스식 기둥을 둘러 세운 지름 24m의 네이브 외부에는 36개의 기둥이 서 있으며, 아일은 8개의 피어pier 주열을 방사선상으로 배치하고 폭 10m의 환상環狀 아일을 만들었다. 이 건물은 처음에 성 스테파노의 유물을 소장하는 기념성당이었다고 전해진다. 네이브는 예루살렘 성묘성당 아나스타시스 로톤다와 거의 같은 규모였으므로 그것을 본떠 만들었으리라 추측한다. 평면은 제실을 사방으로 돌출시켜 배치하여 십자형과 원당을 결합한 것으로, 매우 특이한 평면 형식이었다.

비잔틴
건축

비잔틴Byzantine 건축문화는 콘스탄티누스 대제가 수도를 비잔티움Byzantium으로 환도하고 동로마 제국이 생기면서부터 시작되어 1453년 콘스탄티노폴리스Constantinopolis가 터키인에게 점령될 때까지 동로마 여러 지방에 형성된 건축문화이다.

로마 제국이 동·서 로마로 분열된 후 서로마 제국은 일찍이 멸망하였으나, 동로마 제국(305~1453)은 1000여 년 동안 로마 문화의 전통을 계승하고 보존하며 이를 과시하였다. 동로마 제국은 수도 콘스탄티노폴리스의 그리스 명칭을 따라 비잔틴 제국이라 불렸다. 비잔티움은 교통의 요충지에 위치하였고, 동서의 문화가 교류·접촉하였다. 따라서 비잔틴 건축양식은 건축문화 발전에 있어서도 특수한 요소가 많이 반영되어 독특한 양상을 나타내게 되었다.

527년 유스티니아누스Justinianus 황제가 즉위했을 때 동로마 제국의 세력은 아프리카·이탈리아·스페인 각지에 미쳤으며, 문화예술의 진흥에 많은 힘을 써 건축문화도 발전하였다. 이때 아라비아에서는 이슬람교가 발생하여 정치적으로 큰 세력을 갖게 되었으며, 이슬람교를 신봉하는 사라센인이 급속히 세력을 잡아 각지를 정복하고, 7세기 초 동로마 제국을 위협하게 되었다. 원래 사라센인은 건축에 특수한 천재적 재능이 있었으므로 비잔틴 건축에 큰 영향을 주었다.

동로마 제국은 1453년 오스만투르크Osman-Turks족의 침입으로 멸망하였다. 그들의 문화는 기본적으로 로마 문화를 바탕으로 헬레니즘 문화의 계통을 받아들였으며, 동방과의 접촉을 통해 페르시아 문화 및 기타 동양적 요소를 가미하여 이를 통합하고 발전시켰다. 이와 같이 동로마 제국에서 시작한 비잔틴 건축은 동양적 요소를 다분히 가하여 장려하였으며, 로마네스크 건축양식이 발생될 때까지 동서 건축문화의 기조가 되었다.

비잔틴의 주요 건축은 초기 그리스도교 건축과 마찬가지로 교회당과 세례당, 분묘 등이었다. 이 시기에는 두꺼운 모르타르 줄눈을 사용하여 벽돌을 쌓았으며, 벽의 적심積心을 콘크리트로 만들기도 하였다. 특히 모르타르도 석회·모래·도자기 조각 등을 혼합하여 견고한 접합제를 만들어 사용하였으며, 치장벽돌을 벽 표면에 붙여서 조적벽체 외관에 변화를 주어 충분한 표면장식 효과를 형성하였다.

이 시대의 특이한 건축 구조로는 돔 구조법의 발달을 들 수 있다. 로마 시대에는 원형 평면 위에 돔이 축조되었으나, 비잔틴의 돔은 사각형의 평면 위에 소위 펜던티브pendentive를 사용하여 그 상부에 돔을 축조하였다(그림 52).

이것은 페르시아에 처음 발달하기 시작했지만, 비잔틴 시대에 와서야 완성되어 대규모로 널리 응용되었다. 비잔틴 건축의 외관은 중앙의 큰 돔을 중심으로 그 주변에 작은 돔이 많이 모여 있고, 교차 볼트corss vault를 축조하여 구조적으로도 독창적이었으며, 종래의 건축양식과 비교해도 그 외형이 많이 변했다.

즉, 비잔틴 건축에서는 돔·아치·볼트 등의 요소가 건축 형태를 결정하였으므로 로마 건축의 외관에서 중요한 위치를 차지하였던 엔태블러

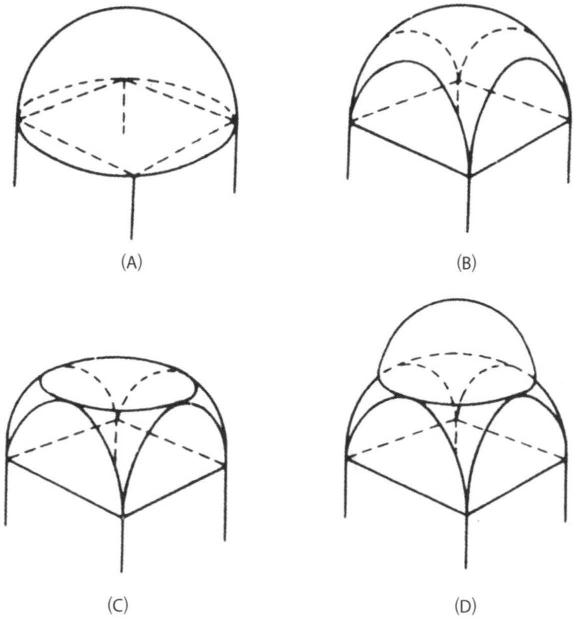

그림 52 비잔틴 양식의 돔 구조법

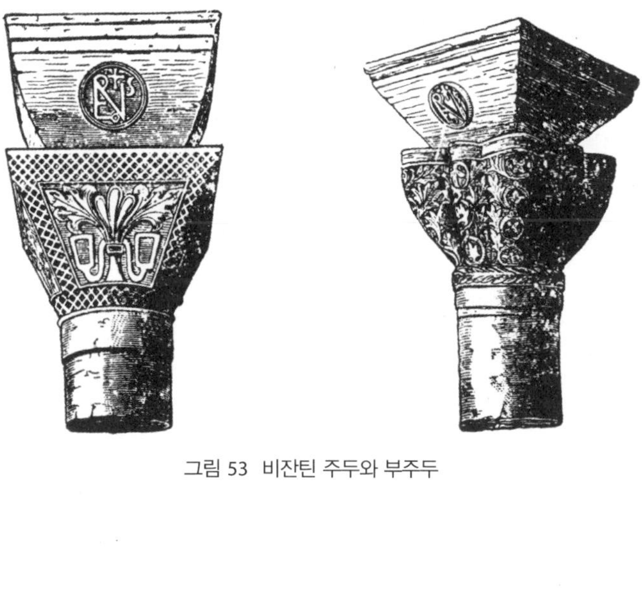

그림 53 비잔틴 주두와 부주두

처가 없어지고 구조상 필요한 것만 남게 되었다.

로마가 구조적 비판 없이 장식적인 그리스의 전통적 수법手法을 계승한 것과 달리 비잔틴 건축에서는 구조적인 진실을 표현하는 경향이 나타나게 되었다.

로마 건축에서는 흔히 기둥을 장식적으로 취급하였으나, 비잔틴 건축에서는 기둥이 아치를 지지하였으며, 구조적으로 중요한 역할을 하게 되었다. 비잔틴 건축의 기둥은 주두가 이중이며, 상부는 부주두dosseret라 하여 아치를 받치는 베이스base가 되었다(그림 53).

돔은 그 형태로 인해 건물 내부에 집중적이며 통일적인 공간을 형성한다. 그러나 기능적으로 생각하면 평면 형태는 원형보다 정방형이 유리하기 때문에 정방형의 평면에 돔을 축조하는 착상이 예전부터 시도되었다. 그러나 이것이 많이 발전한 것은 후기 페르시아 시대였으며, 그 완성을 보게 된 것은 비잔틴 시대였다. 펜던티브의 발달 과정을 고찰하면 다음과 같이 생각할 수 있을 것이다.

우선 돔과 벽을 기하학적으로 생각하여 벽체 상단에 구성되는 정방형에 외접하는 반구半球를 생각한다. 다음에 그 반구를 원圓에 내접內接하는 정방형의 4변에 서 있는 것을 4개의 수직면으로 자르면 그 단면은 반원형이 되며, 4점에서 지지하는 반구의 일부가 남는다[그림 52 (B)]. 이것을 다시 이 네 반원의 정점을 포함하는 평면으로 수평하게 자르면 그 단면은 원이 되고 결국 최초의 반구는 4개의 구면球面 삼각형이 된다. 이것이 곧 펜던티브이다. 이와 같이 만들어진 원형 단면 위에 반구의 돔을 만든다. 이 방법을 사용하면 교차 볼트와 같이 하중이 4개의 모서리에 집중되므로, 이 부분을 충분히 견고한 아치와 피어pier로 만든다면 벽이 없이도 세울 수 있다. 이와 같은 구조법은 비잔틴과 로마 후대의 건축가 중 구조와 기하학에 뛰어난 사람들이 발명한 것으로 비잔틴 건축의 가장 큰 특징이다.

비잔틴 건축에서 특이한 것은 그 건축 장식이다. 즉, 동방문화와 융합하여 화려한 색채와 표면장식을 애용하는 아시아적 경향이 많이 가미되었다.

비잔틴의 건축 장식은 평면 장식이다. 로마 건축이 부조를 통한 음영의 효과를 주로 하였던 반면 비잔틴 건축은 평활한 면에 색채적 효과를 주는 방식을 주로 사용하였다. 그로 인해 벽면에 바르는 대리석, 화려한 모자이크 등이 한층 발전되었다.

비잔틴 건축 실례

하기아 소피아 성당

하기아 소피아Hagia Sophia 성당은 후에 터키인들이 이슬람교 모스크로 사용하였으며, 아야 소피아Aya Sophia라 부르기도 한다. 360년 콘스탄티누스 대제가 창건한 후 소실한 것을 536년에 재건한 것으로 이때의 건축가는 트랄레스Tralles의 안테미오스Anthemius와 밀레투스Miletus의 이시도루스Isidorus의 두 사람이며, 유스티아누스 대제가 직접 지휘하여 건축하였다. 하기아 소피아는 '신의 지혜'라는 뜻으로 그리스의 파르테논, 로마의 판테온과 함께 3대 건축문화를 대표하는 것으로 유명하다.

평면은 거의 정방형의 윤곽을 가진 아트리움이 있고, 나르텍스 앞에 엑소나르텍스exonarthex가 있다. 본당은 폭 71m, 길이 77m이며, 본당의 중심에는 지름 31m의 돔이 얹혀 있다(그림 54, 55).

이것을 받치고 있는 7.5m의 피어가 네 귀퉁이에 있으며, 이 피어를

그림 54
하기아 소피아 성당

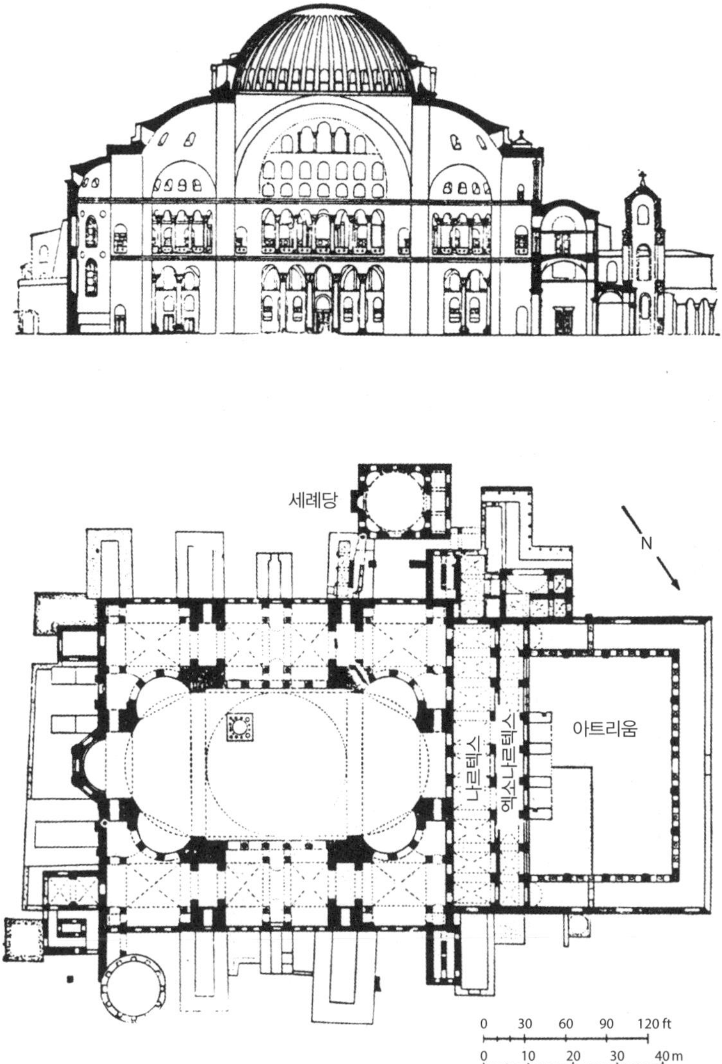

그림 55 하기아 소피아 성당의 단면과 평면

그림 56, 57
하기아 소피아 성당의 내부

보강하기 위하여 큰 버트레스buttress가 있다. 중앙 큰 돔의 주위에 세미 돔semi-dome을 축조하여 돔의 압력을 분산시켰다.

중앙 돔의 정상까지 높이는 바닥으로부터 50m이며 돔만의 높이는 14m이다. 이 돔의 형상은 반구형보다 약간 낮으며 하부에는 40개의 아치를 좁고 길게 배치하여 창을 만들어 채광하였다. 평면은 중앙에 폭 31m, 길이 75.7m의 네이브가 있고 좌우에 폭 15m의 아일이 있다. 일반적인 교회당 건축 형식으로 볼 때 이 평면 형식은 3랑식이라 할 수 있다.

회당의 내부 공간은 초기 그리스도교 교회당에서 볼 수 있는 기하학적이며 정적인 공간이 아니다. 높이 솟아 있는 반구형의 중앙 돔은 그 아래에 존재하는 40개의 광창들로 드높이 떠 있는 것 같은 환상적인 분위기를 느끼게 한다. 이 내부 공간은 광선과 아름다운 색들로 충만한, 장엄한 종교적 예배 공간을 연출함으로써 물리적인 공간의 한계를 초월한, 신비한 천상의 세계를 상징한다. 이 건축은 역학적 처리의 기묘한 점, 그 실내장식의 훌륭한 점 등에서 그 명성이 고금을 통하여 빛나고 있다(그림 56, 57).

1453년 동로마 제국이 이슬람교도에게 멸망했을 때 많은 시민이 이 건물로 도피하였다가 참살되었으며, 이슬람교도는 이 건물을 개수하여 당시 이슬람교의 총본부로 사용하였다. 지금 외관에서 볼 수 있는 이슬람교 특유의 첨탑인 4개의 미나렛minaret은 16세기에 이슬람교도가 부가한 것이다.

● 산 비탈레 성당

북이탈리아의 아드리아 해에 면한 항구도시인 라벤나는 지중해의 교통 요충지로서 동방 건축문화의 영향을 많이 받았다. 산 비탈레San Vitale 성당은 526~547년에 건축되었으며, 평면은 팔각형의 집중식이다(그림 58, 59).

이 건물의 중앙 홀 주위에는 높이 솟은 돔을 떠받치는 8개의 대지주가 있다. 이 지주들 사이에는 각각 2개의 원주들이 반원형의 앱스 공간을 형성하고 주회랑 쪽으로 들어가도록 평면을 구성하여, 중심 공간 주위가 광활하고 여유 있으며 유동감을 느낄 수 있는 분위기를 연출하고 있다. 그뿐 아니라 제실 부분은 깊은 축성을 가지는 공간을 만들어 집중적인 중앙 홀이 주가 되고 2차적인 직선 축을 이루는 공간이 부차적이 되도록 구성하였다. 특히 주출입구 홀인 나르텍스 공간을 주축성과 약간 경사지게 만든 것은 건축 공간 처리의 교묘함을 느끼게 한다.

이 성당은 성당 내부 공간의 유동성과 운동감을 추구했다는 점에서 중세 교회건축 공간구성 양식의 연원이라 생각되기도 한다. 제실에서 깊게 들어간 양쪽 벽의 상부에는 신하를 거느린 유스티니아누스 황제와 궁녀를 거느린 황후의 아름다운 모자이크 도상들이 마주 보게 장식되어 있어 유명하다.

천상을 나타내는 돔은 영화靈化된 공간을 의미한다. 이 공간은 그리스도교인이 천국에 이르기 위해서는 지속적인 노력이 필요하다는 것을 상징하기 위해 예비적인 공간인 낮고 어둡고 험난한 공간을 통과해야 도달할 수 있다. 신자들은 중앙의 원형 공간에 모이므로 중앙의 높고 넓은 공간은 교인들의 결집과 통일을 강력하게 상징한다고 볼 수 있다. 산 비탈레 성당의 내부 공간은 그리스도교의 본질을 탁월한 상징으로 표현하고 있다.

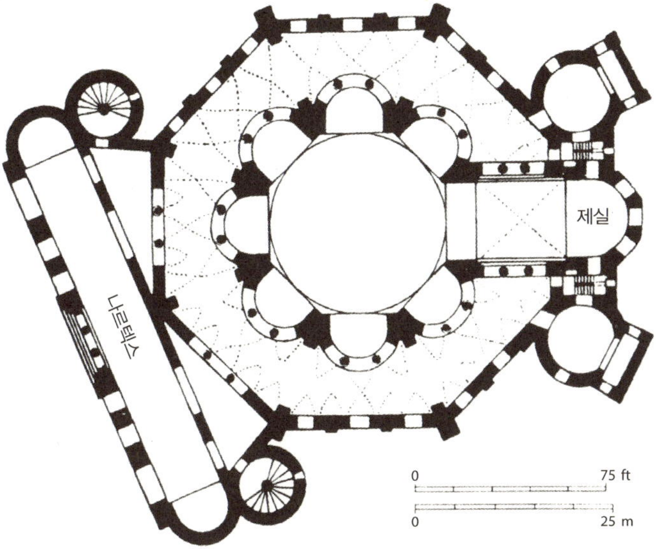

그림 58 산 비탈레 성당 평면

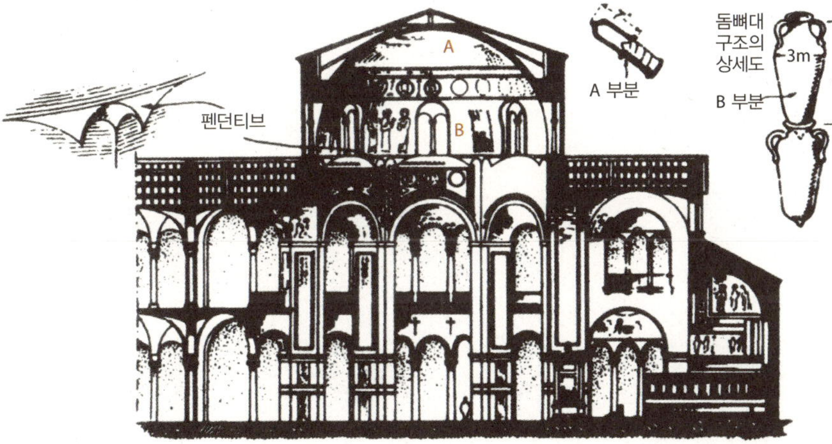

그림 59 산 비탈레 성당 단면

● 산 마르코 대성당

산 마르코San Marco 대성당은 대부분이 1042~1071년경에 건축된 것으로 콘스탄티노폴리스의 코라Chora의 교회당을 모방하여 지었다(그림 60, 61).

그 평면은 그릭 크로스Greek cross로 중앙에는 지름 12.6m의 돔이 축조되어 있다. 크로스의 네 방향 끝 부분에는 돔이 있으며, 내부의 아랫부분은 색 유리·대리석 등을 붙였고 돔과 볼트도 아름다운 모자이크로 장식했으며 정면 입구에는 열주가 서 있다.

그림 60 산 마르코 대성당의 내부

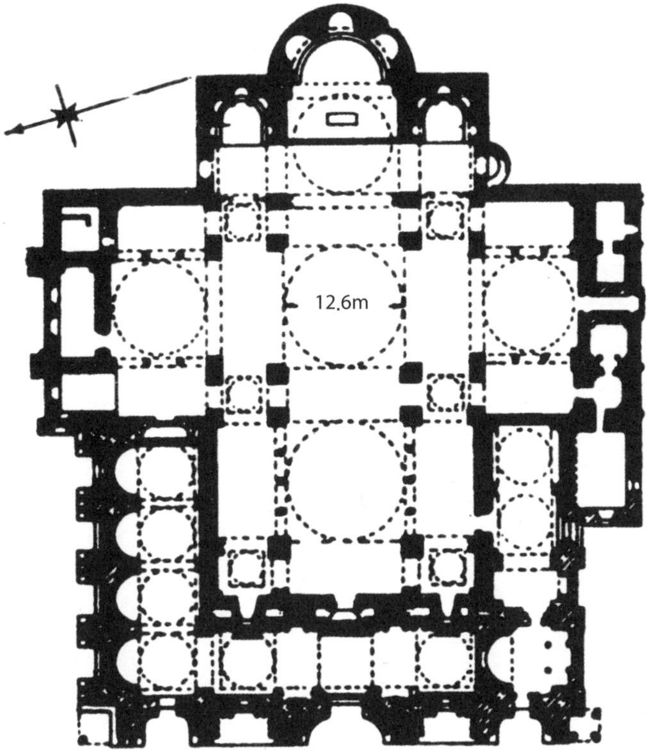

그림 61 산 마르코 대성당의 평면

사라센
건축

비잔틴 제국의 유스티니아누스 황제가 죽은 후 동방세계에서는 아라비아의 유목민인 사라센Saracen족이 부흥했다. 처음 이 종족은 국가도 형성하지 못하고, 문화 수준도 매우 낮았으나 마호메트Mahomet(570~632)의 출현을 일원화할 계기로 삼아 비약적인 발전을 하였다.

마호메트는 메카Mecca에서 출생하였으며, 610년 계시를 받아서 셈족의 신앙이던 인격신관을 기본으로 알라Allah를 전능한 유일신으로 믿는 이슬람교를 창시하여 전파하였다. 이슬람교는 아라비아인·터키인의 활약에 의하여 서남아시아를 중심으로 널리 포교되어 3대 종교의 하나로 발전하였다.

이슬람 교조 마호메트에 의한 서방세계의 정복은 역사상 기이한 사실 중 하나이다. 7세기에 아라비아에서 발생한 무단적이며 정서적인 이슬람교는 설교에만 의존하지 않고 무력과 정치적인 방책으로 교의를 전파하였다.

사라센인은 원래 황야의 방랑민족이었으나 불과 200년이라는 짧은 기간에 천막생활에서부터 피정복자가 갖고 있던 건축문화 수준까지 도달하였다. 그러나 사라센 건축은 피정복자가 갖고 있던 건축수법을 사용하였기에 건축문화 발전에 공헌한 바가 비교적 크지 않았다고 여겨지기도 한다.

사라센 건축의 중점은 종교 건축인 모스크mosque의 건축에 있었으므로 그 건축을 이해하기 위해서는 이슬람교의 성격을 아는 것이 많은 도움이 된다. 이슬람교는 영혼구제의 종교로서 존재하던 아라비아 지방의 기존 신앙을 종합, 순화하였으며, 그 바탕에 유대교, 그리스도교 및 이방종교의 요소를 기이하게 혼합하였다. 또한 보다 명확하고 생활에 직결된 유일신관과 개인 및 회중의 예배에 대한 필요성을 강조하였다.

이슬람교는 원래 유대교 십계명을 기초로 하였고, 그중에서도 특히 제2계명을 엄수하도록 하였기 때문에 모스크 내부에서 우상의 흔적을 가진 장식은 모두 제거하였다. 상징적인 장식이 유일하게 허용된 곳은 메카 방향으로 놓은 미라브mihrab라는 벽면뿐이었으며, 보통 미라브에는 니치niche가 있었다. 예배하는 장소는 미라브를 향해 줄지어 설 수 있도록 단순하면서도 큰 공간으로 계획하였기 때문에 미라브 방향으로 긴, 열주식의 대홀로 형성되었다. 또한 이슬람교에서는 코란Koran을 읽는 것과 설교가 매우 중요하므로 미라브 앞에 밈바르mimbar라는 설교단과 코란을 놓는 책상인 쿠르시kursi가 있다.

이슬람교도들은 서방세계를 정복하기 시작하였을 무렵 건축 활동의 기반이 될 만한 건축적 전통이 없었으므로 그들이 점령한 각 지방에 이미 있던 건축양식, 즉 로마, 초기 그리스도교, 비잔틴, 페르시아 등의 양식을 계승하였으며 독자적인 면이 적었다. 그중에서도 사라센 건축에 가장 큰 영향을 미쳤던 것은 사산조 페르시아Sassanian Persia의 건축기법이었다.

226년부터 636년까지 현재의 이란을 중심으로 번영한 사산조 페르시아는 고대 페르시아 제국의 재흥에 대한 의지가 강했으며, 아시아 전통에 의한 볼트 구조법을 발전시켜 새로운 건축을 개척하고 광대한 볼트·돔 등을 가진 궁전건축을 만들었다. 사산조 페르시아인은 큰 면적의 홀을 반구형, 또는 포물곡면으로 된 큰 볼트나 돔 등을 사용하여 건축한 최초의 민족이었다. 그 대표적인 예로 크테시폰Ctesiphon에 있는 궁전은 스팬이 약 26m, 높이가 약 33m인 거대한 볼트로 되어 있으며, 형판을 사용하지 않고 건설하였다는 점이 경이롭다. 이들은 사각형 평면을 돔으로 덮기 위해 스퀸치Squinch 구법을 사용하였다(그림 62). 이것은 정방형 평면의 네 모서리에 걸치는 스퀸치를 만들어 팔각형 평면 위에 돔을 건설하는 방법이다. 스퀸치의 팔각형 평면 위에 작은 스퀸치 모양을 반복 사용해서 원형 평면을 만든 다음, 돔을 건설하는 방향으로 발전했다.

이슬람교도들이 가장 먼저 정복한 곳은 페르시아로, 사산조 페르시아의 건축기술은 사라센 건축의 발전에 큰 영향을 주었다. 또한 시리아

그림 62 스퀸치

지방에서 발명되었다고 추정되는 첨두형 아치도 사라센 건축에서 발전을 이루었으며, 펜던티브 부분에 종유형鍾乳型, stalactite 장식이 최초로 사용된 곳도 시리아 지방이라 추정된다.

이 종유형은 처음에는 돌을 스퀸치식으로 쌓아 올려 정방형과 원형 평면 사이에 생기는 궁륭의 모서리 부분을 메우는 구조적 역할을 하였으나, 후에는 일반적인 장식의 수법으로 아치, 코니스, 주두 등에도 사용하였다(그림 63).

사라센 건축은 비잔틴에서 펜던티브의 구조법과 연속 아케이드 continuous arcade의 구조법을 배웠으며 복잡한 평면 장식의 수법을 도입하였다. 특히 모자이크 장식은 비잔틴의 디자인·색채·공법工法을 그대로 따랐다. 로마에서는 아칸서스의 장식과 코린티안 오더의 형식을 취하였고, 아치형상은 북아프리카와 터키에서는 비잔틴식의 원형, 이집트와 시리아에서는 첨두형, 페르시아와 인도에서는 파꽃형이 사용되었다(그림 64).

사라센인은 상상력이 풍부하고 역학적인 감각도 그리스와 로마인보다 훨씬 자유로웠으므로 건축 장식의 형태가 다채로웠다. 특히 대문은 대규모였으며, 아치로 된 니치 형태로 구성되어 종유형이나 모뉴먼트한 장식으로 세련미를 나타냈다. 창의 취급은 변화가 많으며 일찍이 연속창을 사용하였고 투조透彫의 격자형 장식, 작은 원주 등은 회화적으로 취급하였다.

아치의 형상도 다양해져 첨두형·말굽형·다엽형·파꽃형·삼엽형·용골형 등이 고안되었고, 아치 부분에도 장식문양을 사용하여 다채롭고 기발하였다.

종유형 장식의 기본 형태　　예루살렘 학교의 포치　　다마스쿠스의 칸아사드 파샤 모스크의 출입구

그림 63 전형적 종유형과 그 장식의 변화

(a) 첨두형

(b) 말굽형

(c) 용골형

(d) 삼엽형

(e) 다엽형

그림 64 사라센식 아치의 종류

초기 건축은 주로 성묘였으며 간단한 돔 양식을 많이 사용하였다. 벽돌장식법이 잘 발달하였고 사라센의 특징인 문자 장식과 종유형 장식을 사용하였으며, 디자인과 장식들의 중심으로는 대문에 니치가 있는 용골형 아치를 만들고 그 벽면에 유약釉藥 벽돌·모자이크 장식 등을 사용하였다.

사라센 건축 실례

● 사크라 모스크

사라센인이 최초로 정복한 서방 아시아 지방에서는 앞서 언급한 바와 같이 이 지방 건축기술의 전통에 따라서 사라센 건축을 발전시켰다. 예루살렘의 사크라Sachra 모스크는 7세기, 비잔틴 건축가가 유대교의 솔로몬 성전 자리에 지은 것으로 팔각원당八角圓堂이다.

● 코르도바 모스크

스페인에서의 사라센 문화는 그리스도교 문화와 접촉하여 서로 많은 영향을 주고받았다. 이로 인해 가장 세련되면서 장식 면에서 환희와 깊이를 느낄 수 있도록 발전하였으며, 서유럽 건축 장식에도 공헌하게 되었다(그림 65, 66).

711년, 이슬람교도가 스페인을 정복한 이후 1492년, 수도인 그라나다Granada가 함락될 때까지 이 지방에서는 사라센 문화가 발전하였다. 코르도바Cordoba의 모스크는 786년에 만들어져 초기 사라센 건축을 대표한다. 이 모스크는 폭 119m, 길이 167m, 높이 10m이고 화판형 아치 또는 말굽형 아치가 이중으로 되어 있다. 아치는 흰 돌과 붉은 벽돌로 만들었으며, 로마와 초기 그리스도교 시대와 유사한 가늘고 짧은 기둥에서부터 시작한다. 이 기둥은 그 위쪽의 아치가 걸린 피어를 받친다. 이러한 방식으로 천장을 높이는 것은 기발한 착상이었다. 이처럼 이슬람교의 건축가들은 구조적·기능적인 필요성을 뛰어난 디자인으로 해결한 점이

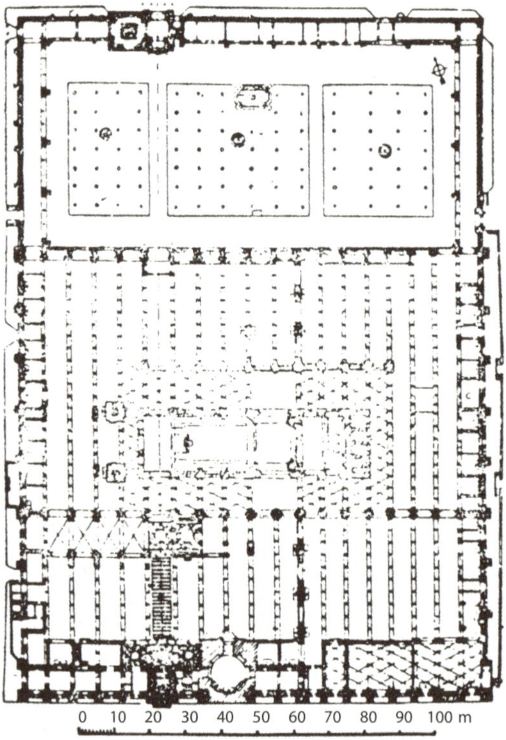

그림 65
코르도바의 모스크 평면

그림 66
코르도바의 모스크 내부

높이 평가된다.

화려한 벽면의 장식, 다채로운 모자이크와 황금색의 장식 등이 빛나는 가운데 850개의 원주가 숲과 같이 서 있는 환상적이며 감미로운 내부 공간의 형성은 매우 특이한 것이다.

알함브라 궁전

알함브라Alhambra 궁전은 후기 스페인 사라센 문화를 대표하는 암산 위에 세운 적색의 성으로, 사용된 석재의 색에서 이름이 유래하였다고 한다. 현재는 일부만 남아 있으나, 그 평면은 남방과 동방의 풍취에 따른 것으로 2개의 중정이 있다. 둘 중 큰 것은 미르토스Mirtos의 중정으로 크기가 36.5m×23.4m이다. 북쪽 끝의 탑에는 대사의 방이 있으며, 미르토스의 중정 주위의 방들은 공적 생활에 사용되었다고 한다. 작은 중정은 사자의 중정이라 하며 열주랑으로 둘러싸여 있고 그 양 끝에 파빌리온pavilion이 있다. 그 원주는 배열에 변화가 있어서 2~3개를 모아서 세웠고, 중정 중앙에는 12개의 사자상이 수반을 지지하고 있다. 또한 벽면에는 사라센 건축 특유의 장식을 하였다. 이 중정은 크기가 28.5m×15.7m로 주옥의 궁전과 같다고 말할 수 있으며, 주랑의 기둥들은 꽃줄기처럼 가늘어지는 위에 망상 장식으로 된, 매우 복잡한 형태의 스틸티드stilted 아치를 받치고 있다. 이 궁전은 천일야화의 신비로움이 서양의 낭만적인 상상 속에 형상화된 것이라 할 수 있을 것이다(그림 67, 68).

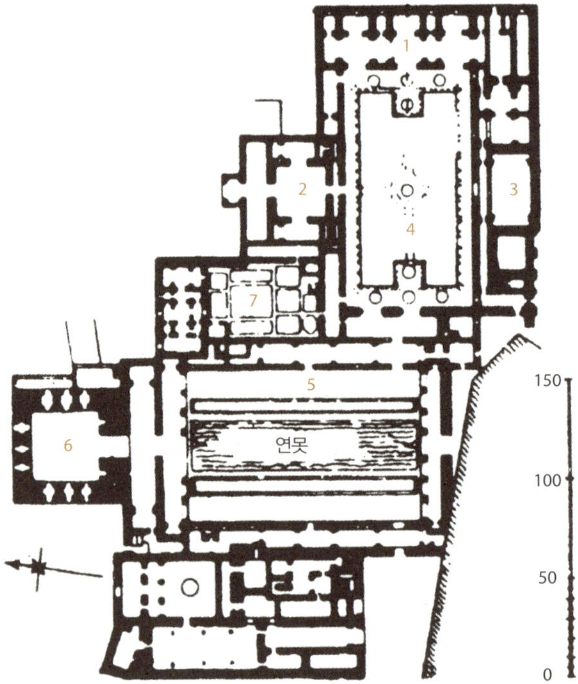

1. 왕의 홀
2. 두 자매의 홀
3. 아벤세르레제스의 홀
4. 사자의 중정
5. 미르토스 중정
6. 사자의 홀
7. 욕실

그림 67
알함브라 궁전의 평면

그림 68
알함브라 궁전
사자의 중정

● 타지마할

세계적으로 유명한 인도의 타지마할Tajmahal은 샤 자한Shah Jahan 황제가 그의 사랑하는 왕비, 뭄타즈 마할Mumtaz Mahal을 기념하여 만든 분묘건축으로 1650년에 완성되었다(그림 69).

의장 구성은 기본적이고 단순하나, 디테일에서는 인도 특유의 변화가 풍부하고 복잡하여 최고도의 아름다움을 표현한 예술작품이다. 방형 평면 위에 놓인 백대리석 돔의 청아한 자태, 미나렛들이 가지고 있는 선율적인 형상, 대문의 용골형 아치와 니치가 있는 벽면, 색대리석과 주옥 같은 돌들로 정교하게 된 상감inlay 등이 서로 잘 어우러져 펼쳐지는 은은하면서도 미묘한 색채 효과는 실로 미의 극치를 이루었다고 하겠다. 이 건축은 이슬람 인디아의 건축가들이 갖고 있었던 구상력과 미적 감각이 매우 높고 훌륭하였음을 잘 입증한다.

그림 69
타지마할의 외관

로마네스크
건축

로마네스크Romanesque 건축문화는 8세기 말 프랑크 왕 샤를마뉴Charlemagne(독일 Karl) 대제의 즉위로 로마 제국이 멸망한 이후 13세기 고딕 건축문화가 발생에 이르기까지 서부 유럽 각지에서 발전하였다.

로마네스크란 명칭은 '의사擬似 로마식'이라고 번역할 정도로, 로마 양식과 흡사한 양식이라는 의미로 해석하기 쉽다. 그러나 이 건축양식은 로마의 건축기법을 기초로 발전하였지만 게르만적 요소를 많이 반영하였으며, 중세문화에 적합하도록 로마의 건축양식을 변용하여 발전하였다.

고전시대의 세계는 인간의 이성과 민주주의를 기반으로 하였으나, 게르만을 주역으로 하는 중세 유럽세계는 이와 대조적으로 그리스도교와 봉건제도를 바탕으로 발전하였다. 그들은 경험적인 자연을 초월하여 신비의 세계를 동경하며 신앙을 기본으로 한 통일을 기원하였다. 중세의 건축조형 원리는 이와 같은 정신을 반영하였으며, 로마네스크 시대부터는 게르만의 조형 특성이 우세하게 나타나기 시작하여 고딕 시대에 이르러 완성을 보게 되었다.

일반적으로 중세의 문화는 종교를 중심으로, 회화와 조각 및 순수미술보다 건축이 많이 발전하였으며, 특히 교회당 건축이 많이 남아 있다. 이 교회건축에는 당시 고도의 문화를 자랑하던 동방의 비잔틴 및 사라센의 문화 요소가 복잡하게 혼합되어 그 건축기법 및 양식이 철저하지 못한 감이 있다. 원래 그리스도교는 영혼구제를 위한 순수한 종교였으나, 중세에 들어와서는 사회적 현실성이 가미되어 사회·국가와 타협하게 되었으며, 성당은 사회생활의 중심으로 때로는 경제활동까지도 성당 안에서 엿볼 수 있게 되었다.

종교 본래의 목적 이외에 사회적·현실적 경향을 갖는 데 반대하여 순수종교파의 신도 간에는 탈속주의가 유행하였다. 이에 따라 명상·금욕 등에 치중하는 수도원monastery 등의 종교적 수도장이 생겨났고, 이러한 종교적 운동은 시대와 장소에 따라 각종 분파를 형성하였다.

이들은 모두 고서들을 수장하고 학술을 연구하였다. 때로는 자녀교육을 담당하며, 고대의 학술을 후세에 전하였을 뿐만 아니라 각 교단에서는 우수한 학자들을 많이 배출하였다.

문화적으로는 서로마 제국의 멸망 후 게르만인의 이동으로 당시까지 남아 있던 그리스와 로마의 문물이 거의 파괴되었으며, 1000년경까지 계속된 전쟁으로 건축도 거의 하지 않는, 소위 암흑시대가 도래하였다. 그 이후에 이르러서야 건축이 다시 활성화되었고, 재래의 건축양식과는 상당한 차이를 보이는 로마네스크 건축양식이 생겨났다.

로마네스크의 예술은 건축으로 대표된다고 하여도 과언이 아니다. 당시는 종교 건축의 건설이 왕성하였으며, 조각·회화도 훌륭하였으나 거의 모두가 교회당 건축에 부속된 것이었다.

이 시대의 중요한 건축은 거의 다 교회당이었으며, 그 평면 형식은 바실리카에서 발단한 초기 그리스도교 건축문화의 뒤를 이어 발전하였다. 그 평면 형태는 라틴 크로스형으로 실내는 네이브와 아일로 구분되고, 네이브의 폭은 아일의 2배였으며, 콰이어가 높은 곳에 만들어지고,

그 밑에 성자의 유골을 보관하는 지하예배당인 납골당crypt이 설치되었다. 교회당의 탑은 로마네스크 건축에서 창시된 것으로 작은 교회당에는 서쪽에 1~2개가, 대성당에는 5~7개에서 많으면 9개까지 있었다. 탑은 아치의 측압력側壓力을 받는 역학적인 기능을 갖는 동시에 외관에 회화적·입체적 효과를 주며 그리스도교의 하늘에 대한 앙모심仰慕心을 나타내었다.

로마네스크 건축시대의 성당은 그 형식 및 구조법 등에 있어서 완성된 교회당 건축이라 할 수 없지만, 바실리카 교회당 형식을 발전시켜 고딕 시대에 교회건축 양식의 완성을 이루는 바탕이 된 과도기적 건축으로 건축양식상 매우 중요한 의의를 가진다.

특히 벽은 그 구조에 있어 로마 시대의 수법을 답습하였으며, 작은 돌 조각·벽돌을 벽체의 주재료로 하여 모르타르로 쌓았다. 벽 표면에 평활한 석재를 붙이거나 회벽칠을 하였으므로 그 벽면의 평활함과 단조로움을 방지하기 위하여 외벽 곳곳에 편개주pilaster를 설치하여 장식적인 변화를 주었다.

초기에는 벽이 매우 두꺼웠으며 필라스터는 장식에 불과하였다. 그러나 후기에 이르면서 점차 벽의 두께가 얇아졌으며 구조적으로 무의미한, 장식만으로서의 필라스터 등은 폐지되었다. 대신 필라스터는 구조적인 의미를 가지는 피어pier로 발전하여 지붕의 하중을 받는 지주의 역할을 하는 동시에 장식적인 효과를 갖도록 변화하였다.

아치의 구조법이 발달하여 교차 볼트를 많이 사용하게 되면서 네이브의 높이는 그 폭의 2배 이상이 되었으며, 이로 인해 피어를 많이 사용하게 되었다(그림 70).

피어의 발달은 교차 볼트 구조기술의 발전과 밀접한 관계가 있었다. 피어는 교차 볼트의 하중을 리브rib를 통하여 받으며, 피어의 크기는 그 하중에 따라 비례적으로 결정되었다. 몇 개의 피어를 합하여 한 개로 형성한 것을 클러스터드 피어clustered pier라 하며 11세기부터 사용하였다. 이와 같이 피어의 구조적 기능을 그대로 미적 구성으로 만든 것은 로마네스크 건축의 큰 공적이라 할 수 있다. 로마네스크 건축의 개구부에는 거의 아치가 축조되어 소위 아치식 건축이 되었으며, 이 시대의 아치형상은 원호형이었으나, 후에 포인티드 아치pointed arch가 사용되기 시작하면서 고딕 건축양식을 형성하는 한 요소가 되었다.

개구부에 장식을 집중시키면서 종교적으로는 장엄해졌으며, 외벽의 단조로움도 막을 수 있었다. 이것이 더 발전하면서 후에는 장미창rose window, 차륜창wheel window 등을 통한 채광 및 장식의 효과를 기하였으며, 고딕 시대에 이르러 이 수법은 완성되었다. 로마네스크 건축의 구조법에 있어서 가장 특이한 것은 볼트 구조법이다. 앞서 언급한 것처럼 로마 시대에 반원통형 볼트barrel vault와 교차 볼트cross or groin vault가 생겼으나, 로

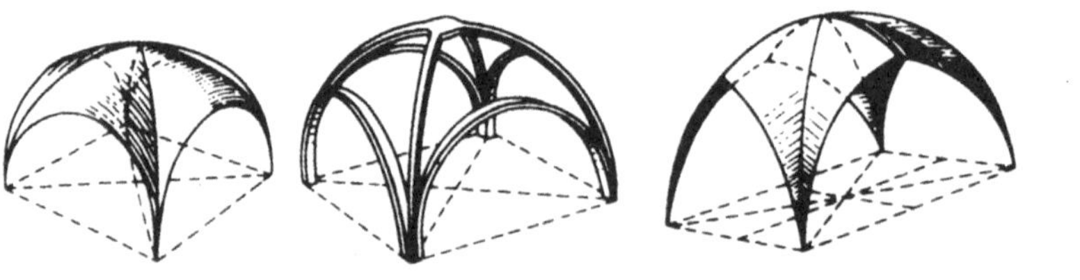

그림 70 로마네스크 볼트의 발전 과정

마 시대의 교차 볼트 구조법은 먼저 교차 볼트의 면을 정하고 이에 따라 두 곡면이 교접하는 능선을 필연적으로 정했으므로 그 형식도 일정하고 변화도 거의 없었다. 그러나 로마네스크 시대에는 먼저 리브 위치를 결정한 다음, 이 리브를 따라 얇은 돌로 리브 사이를 덮어 볼트의 면을 만들었으므로, 전자에 비하여 의장이 자유롭고 각종 변화가 가능했다. 이후 고딕 시대에 이르러서는 리브의 수가 많이 증가하여 복잡하고 장엄한 감을 주는 리브 볼트 구조rib vaulting의 발전을 보게 되었다(그림 71).

로마네스크 건축의 장식은 고전양식·초기 그리스도교 양식 및 비잔틴 양식 등을 바탕으로 하였으나, 게르만 민족 본래의 장식에서 영향을 받아 독창적인 요소도 적지 않았다. 게르만인은 장식 대상에 환희를 느꼈으며, 그들이 즐겨 사용하던 기하학 문양·동식물 문양·인물 문양 등

그림 71 로마네스크 건축의 구성

은 로마네스크 특유의 양식으로 발전하였다(그림 72, 73).

내부 장식으로서는 스테인드글라스stained glass가 사용되기 시작하여 발전했으며, 이것에 의해 단조로운 내부는 변화 있고 장엄하게 되었다.

로마네스크 건축은 유럽 고대부터의 전통에서 많은 영향을 받았다. 또한 동방 선진문화의 영향과 북방 게르만족의 영향이 혼입하여 과도기적인 건축양식을 형성한 종교 건축문화라 할 수 있으며, 후에 고딕 건축의 기반이 되었다.

그림 72 로마네스크 건축의 입구 오더

그림 73 트리포리움

로마네스크 건축 실례

● 아헨 궁정예배당

카롤링조(751~987)의 샤를마뉴 왕은 수도 아헨Aachen에 집중식으로 계획된 궁정예배당Palast Kapelle(796~805)을 건축하였다(그림 74).

이 건물의 중심 부분은 십육각형 평면이고 외벽으로 둘러싸여 있으며 당내堂內에는 8개의 대지주가 있어 중앙 공간과 주위를 주회랑으로 구분한다. 중앙 상부에는 고창으로 된 클리어스토리가 있고 팔릉형 돔이 덮여 있다. 대지주들은 팔각형의 내부 공간 형상에 따라서 꺾어지고

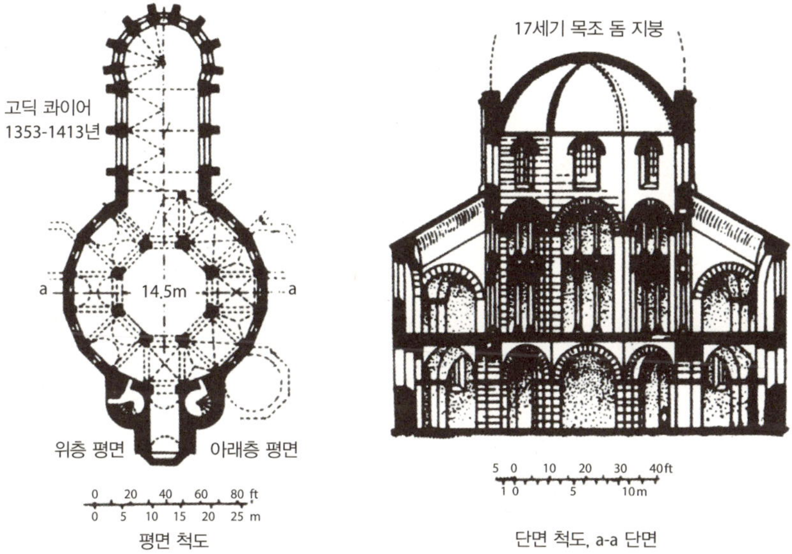

그림 74 아헨 궁정예배당 평면과 단면

그 사이에 아치로 된 커다란 개구부가 만들어졌다. 그러므로 중앙의 공간은 평면적인 성질과 육중한 느낌을 통해 보다 정적이면서도 기하학적인 명료성을 느끼게 한다.

주회랑은 2층으로 구성되어 상층 천장은 터널 볼트 구조로, 하층은 교차 볼트 구조로 교묘하게 처리하였다. 벽면과 돔의 내면은 모자이크의 도상과 문양으로 장식하였다.

이 예배당의 건축가는 라벤나의 산 비탈레 성당을 본보기로 삼았을 것이라 추정하며 건물 규모도 서로 유사하다. 산 비탈레 성당의 내부 공간구성은 유동적이면서도 인간적인 척도 개념이 느껴진다. 그러나 아헨의 예배당 건물에서는 중앙 네이브 지름이 약 14m인 것에 비해 천장 높이가 31m로, 수직성이 매우 강조되어 있어 초인간적인 척도 개념을 느끼게 한다.

건물 입구의 상층에는 왕좌실을 만들어서 제단과 대치되게 하였으며 왕좌에서 실내 조망이 잘되도록 계획되었다. 또한 그 방의 창을 통해 샤를마뉴 왕의 모습을 아트리움에 모이는 사람들이 바라볼 수 있게 만들었다고 한다. 이는 하나님의 대리인으로 이 세상에 군림하는 왕의 입장을 건축적으로 표현한 것이라고 생각된다. 왕좌실 상층에는 성유물실을 만들고 그 양쪽에 계단실을 두어 건물의 서쪽 정면을 높고 중후한 탑상구성塔狀構成으로 만들었다. 이 건물은 수차례에 걸친 화재로 보수되어 처음 모습이 손상되었으나 조야하고 힘찬 공간 분위기는 당시의 건축기술을 잘 나타내고 있다.

● 피사 대성당

피사 대성당Pisa Cathedral은 1063~1092년, 팔레르모Palermo 부근의 해전에서 승리한 기념으로 피사의 시민들이 건설하였다(그림 75, 76, 77). 이 건축은 중부 이탈리아의 소위 투스칸 로마네스크Tuscan Romanesque 양식의 연구에 가장 적합한 건물로서 건축가 부스케투스Busketo와 레이놀두스Rainaldo가 설계·건축하였다.

평면은 네이브 좌우에 2개의 아일이 있으며 열주가 서 있는 바실리카식 성당이며, 1595년에 큰 화재로 네이브가 대파되어 그 후 수리한 것이 현존하고 있다. 평면의 형식은 라틴 크로스이며 좌우로 돌출한 트랜셉트에는 원호상의 후실이 있다.

외관은 변화 있는 대리석을 사용하여 색채의 변화를 나타냈으며, 정면은 소위 블라인드 아케이드라 칭하는 것이 벽면과 거의 밀착해 있다. 이것은 순전히 장식적인 의도이며, 이와 같이 외부 벽면을 전부 아케이드로 장식하는 방식은 피사 지방 로마네스크 건축의 특징이다.

그림 75 피사 대성당의 종단면

이 성당에 부속하여 예부터 유명한 피사의 사탑leaning tower이 있다. 이 탑의 건설은 1172~1350년에 진행된 것으로 건설 공사에 170여 년이 걸렸다고 한다. 평면은 지름 15.6m의 원형이고, 외관은 8층의 아케이드로 장식되었으며 전부가 대리석조이다.

이 탑은 오랜 세월 동안 공사를 진행하여 준공한 것으로 그 양식과 수법이 각 층마다 차이가 있으며, 예부터 경사진 것으로 유명하다. 건물 높이는 55m로 건물의 경사는 연직선에서 약 4.3m 차가 있다. 그 유래에 의하면 3층까지 쌓아 올렸을 때 지반이 약하여 한쪽이 침하 경사된 것을 건물의 안정성을 잘 검토하면서 쌓아 올려 완성한 것이라고 전한다.

피사 대성당의 서쪽에는 지름 39m인 원형 평면의 세례당이 있으며

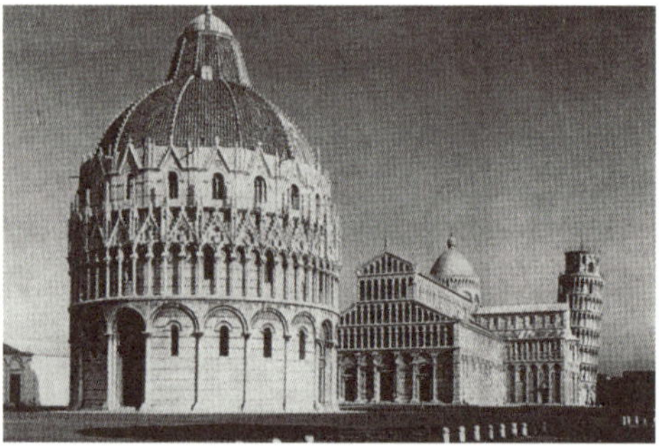

그림 76 피사의 세례당, 대성당과 탑

그림 77 피사 대성당

1153년 건립되었다(그림 76). 이 건물은 디오티 살비Dioti Salvi가 설계한 것으로 대리석조이며, 외부는 큰 블라인드 아케이드로 되어 있다. 그러나 14세기에 고딕 양식이 가미되어 2층, 3층의 세부 중에는 고딕 건축의 특질을 엿볼 수 있는 것도 있다. 지붕은 반구형 돔으로 그 상부 중앙에는 원추형의 지름 18m인 돔이 재차 축조되어 있다.

● 성 암브로지오 성당

성 암브로지오San Ambrogio 성당은 1140년 밀라노에 창건되었다(그림 78). 이것이 소실된 후 12세기에 재건한 것이 현존하는 성당이다.

내부는 아케이드로 네이브와 아일을 구분하고 모든 구간에는 크로스 볼트가 축조되었으며, 중앙 제실 앞 네이브의 마지막 구간 위에는 팔각형 돔이 스퀸치 구조방식으로 설치되어 있다. 평면은 로마네스크 성당으로는 특이하게 트랜셉트가 없고 아트리움이 있으며 바실리카식 교회당의 전통을 정확하게 나타내고 있다.

그림 78
성 암브로지오 성당의 외관

● 성 사도 대성당

성 사도Holy Apostles 대성당은 쾰른Köln에 있으며, 1220~1250년경에 건축된 것으로 바실리카식에서 평면이 발전하였다(그림 79).

실내는 네이브와 아일로 구분되어 있으며, 네이브가 아일의 2배이

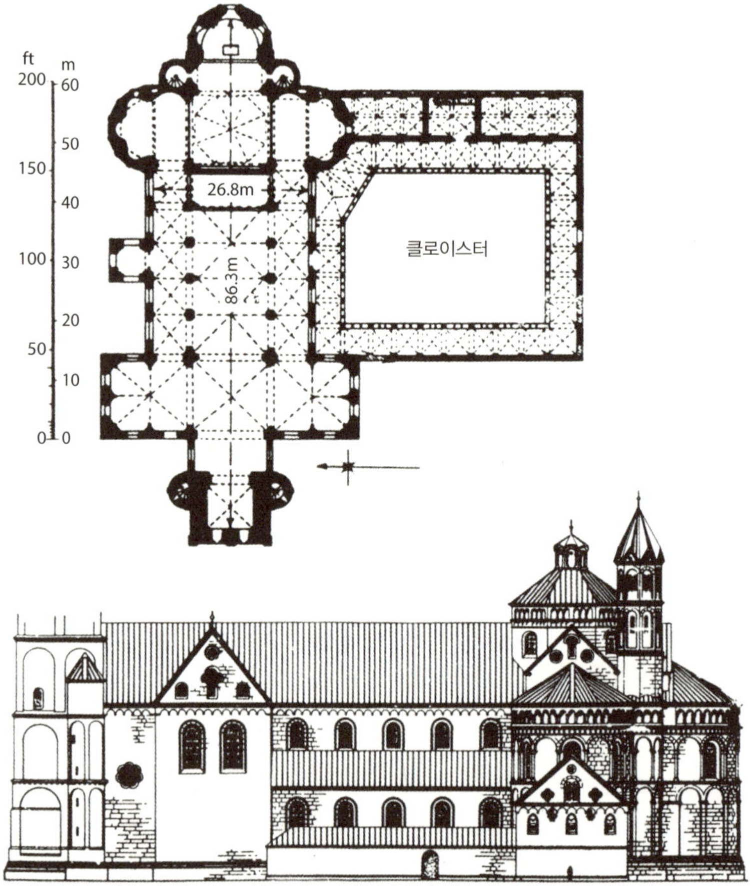

그림 79 성 사도 대성당의 평면과 외관

고 그 동쪽 끝에는 원호형으로 된 3개의 후실이 있다. 트랜셉트가 교차하는 중앙의 홀 상부에는 팔각의 탑이 높이 솟아 있으며, 이와 같은 집중적 공간은 근처에 있는 아헨 궁정예배당의 공간 특성에서 영향을 받은 것이라 생각된다. 네이브 및 아일의 천장에는 교차 볼트가 덮여 있다.

성 세르냉 대성당

프랑스의 서남 지방에서는 변화가 많은 로마네스크 양식이 발전되었다. 툴루즈Toulouse의 성 세르냉St. Sernin 대성당이 그 실례이다(그림 80).

이 건물의 네이브 위에는 주간마다 아치로 구획된 반원통형 볼트가 설치되었고 좌우에 있는 각각 2개의 아일 위에는 교차 볼트가 놓여 있다. 네이브 상부 양쪽 벽에 채광이 직접 되는 클리어스토리가 없는 대신

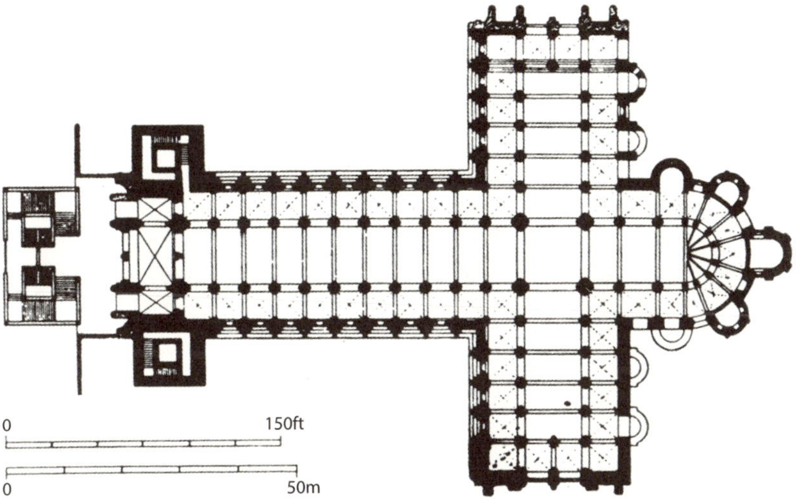

그림 80 성 세르냉 대성당의 평면

아일 상층의 트리포리움triforium에 있는 창을 통해 간접적으로 빛이 들어오게 되어 있어서 네이브 공간은 어둡다.

평면은 5랑식으로 된 회당 부분과 소제실이 2개씩 있는 트랜셉트 부분, 방사형으로 돌출된 제실 부분으로 구성되었으며, 네이브와 트랜셉트가 교차된 부분에 팔각형 탑이 있어 아름다운 외관을 나타내고 있다.

● 더럼 대성당

12세기에는 앵글로 노르만Anglo-Norman 양식에 의한 성당들이 많이 건축되었으며 그 대표적인 예가 더럼Durham 대성당이다(그림 81).

평면은 영국 교회건축의 전통적인 형식을 이루게 되는 장대한 제실 부분을 잘 나타내고 있다. 네이브의 측면은 클리어스토리와 아일 2층의 복도 및 네이브 1층에 서 있는 지주열로 이루어져서 3층의 입면으로 구성되어 있다.

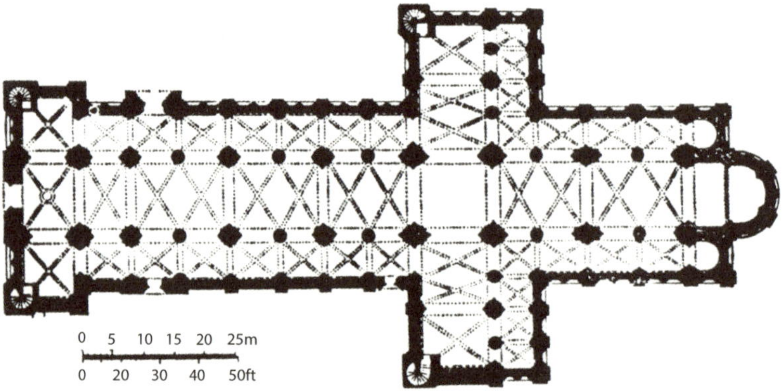

그림 81 더럼 대성당 평면도

네이브는 2개 구획bay을 단위로 횡단 아치를 설치했으며, 그 사이에 리브가 있는 2개의 교차 볼트를 설치하여 경쾌하고 율동감 있는 분위기를 형성하였다. 고딕 양식이 발생되기 이전에 선구적으로 사용된 리브 볼트와 네이브 횡단 아치에서 하나 건너씩 사용된 포인티드 아치는 매우 특이하다. 아치 주위에 사용된 문양과 큰 원주에 사용한 지그재그 문양 등은 매우 특색이 있다.

고딕
건축

고딕 시대에는 신성로마 제국이 쇠퇴하고 로마 교황의 권력이 증대하여 사실상 종교정치를 하게 되었다. 그러나 프랑스의 필립Philip 2세는 중앙 집권을 통해 중세 봉건시대에 근세적 관료정치를 확립하는 데 성공하였다. 이와 때를 같이하여 유럽의 국제적 통상이 재개되어 장원경제에 의한 상공업이 발달하였고, 이를 계기로 시민계급·길드guild 조직이 발생하였다.

로마네스크 시대에 왕권과 대립하던 가톨릭교회는 드디어 세속권을 제압하고 강력한 교권을 확립하여 13세기에 그 전성기를 맞이하였다. 동시에 교회는 스콜라 철학의 신학체계를 크게 발전시켜서 신앙과 이성, 비합리성과 합리성을 조화시킨 이상적인 이론적 근거를 세우게 되었다. 고딕 건축양식의 발전은 사실상 이와 같은 왕성한 교회 활동을 기반으로 하여 상징적으로 성취된 것이라 생각된다. 그리스도교는 중세사회의 정신적인 지주 역할을 하였으며, 서구의 중세사회는 수많은 성당을 건설하기 위해 모든 정력을 봉헌하였다.

프랑스는 그 당시 최강국으로서 로마 교황을 억제하고 유럽의 학문·기술·예술·문화의 중심이 되었다. 그 전까지 수도원이 갖고 있던 모든 분야의 지도권을 속계로 옮겨 왔기 때문에 파리에는 각지에서 학자·예술가가 모여들었으며 기술에서도 많은 발달이 있었다. 건축 활동에 있어서도 공장조합의 발달과 기술 향상에 따라 수도원의 역할이 감소한 대신 시중의 일반 건축기술자의 역할이 확대되어 큰 발전을 이루었다. 고딕 건축은 이와 같은 시대적 배경을 갖고 발전하였다. 고딕 건축은 본질적으로는 도시건축의 성격을 띠었으며, 대성당·길드 홀·공공건축도 연이어 건설되었다.

장인들은 로마네스크 양식에 이어 13세기부터 발생한 고딕 건축을 발전시켜 중세의 건축문화를 대성시켰으며, 이름을 숨기고 신神의 영광과 미를 창조하는 기쁨에 헌신적으로 일하였다. 출입구와 창 등 기타 모든 개구부에 첨두형 아치를 주로 사용하였으며, 지붕을 높이 솟게 하고, 하늘을 지향하는 직선적 앙양을 뜻하는 첨탑·피너클pinnacle·스티플steeple·스파이어spire 등을 교회건축의 중요 구성 요소로 많이 사용하였다.

이와 같이 고딕 건축은 수직선을 디자인의 주요소로, 하늘을 지향하는 종교적 신념과 사상을 합리적으로 반영하여 교회건축 양식을 획기적으로 발전시켰다. 이는 유럽인들이 일반적으로 가졌던 깊은 신앙심을 외형적으로 표현하기 위한, 여러 세대에 걸친 노력의 산물이었다. 대성당과 공공건물들은 무엇보다 지상에서 신의 영광을 나타내고자 하였으며, 현세생활의 주목적인 신에 대한 봉사와 말세에서의 구제를 얻기 위하여 건축되었다.

고딕 건축의 발생지는 프랑스였다. 로마네스크 시대의 프랑스는 지방에 따라 상이한 건축 특성을 나타내었으며, 그중 특히 북부 지방의 프렌치 노르만French Norman이라는 독특한 건축은 고딕 양식이 발생하는 기초가 되었다. 고딕 건축양식은 12세기에 시작하여 14세기, 이탈리아 반도에 르네상스Renaissance 운동이 발생하기까지 서유럽을 주도하게 되며, 당시 융성하였던 교회건축으로 서양건축사에서 찬란한 고딕 건축시대를 이루게 되었다.

파리의 북쪽에 있는 성 드니Saint-Denis 수도원에는 12세기 초에 견식이 높은 쉬제르Suger가 수도원장이 되었다. 그는 8세기에 건축되었던 수도원 성당의 증축 계획을 구상할 때, 당시 로마네스크 건축양식에서 산발적으로 나타났던 신공법들을 구조적 또는 조형적인 시스템으로 통합하여 새로운 양식이 되도록 만들었다. 이를 제실 뒷부분을 증축하는 공사에 최초로 실현시킴으로써 그는 고딕 건축양식의 탄생을 유도하였다.

북부 프랑스 지방은 원래 로마네스크 양식이 크게 발전하지 못했던 지역이었으므로 쉬제르의 새로운 조형이상이 성장하기에 알맞은 곳이었다. 고딕 양식은 로마네스크 양식의 여러 가지 수법들을 이어받았으나 그와 구별되는 새로운 양식으로 발전하였다. 또한 고딕 건축문화는 중세문화를 성숙하게 구현하는 역할을 하며 유럽 각지에 빠른 속도로 전파되었다. 특히 고딕 건축은 역사상 다른 어느 시대보다도 고도로 발달한 석공기술에 의하여 성립되었다. 그 구조법이나 세부공작 등은 최고도로 완성된 건축양식만이 갖는 명료한 필연성을 가졌으며, 세부만 보더라도 그 전체의 형식을 짐작하게 한다. 그것의 역학적 구조가 건축의 예술적 표현에 있어 직접적인 요소가 되었으며, 당시 고딕의 스콜라 철학이 신을 중심으로 전체를 조직하려던 사상을 그대로 건축으로 옮겨 정신화하는 수법을 완성하였다는 점 등은 매우 높이 평가된다.

고딕 건축은 다른 양식과 달리 앙천적·수직적 경향을 강조하며, 그 양식의 형성은 종교의 발전과 밀접한 관계가 있었다. 구체적으로 살펴보면, 고딕 건축은 거의 돌을 사용하였으며 재료를 자유자재로 사용하였다.

고딕 건축에서 가장 발전된 수법은 볼트 구조법이었다. 이는 로마네스크 시대에도 많은 발전을 이루었으나, 특히 고딕 건축에 이르러 괄목할 만한 발전을 했다. 즉, 어떠한 형상의 평면 위에도 자유롭게 볼트를 만들 수 있는 구조법이 발전하였다.

볼트 구조의 하중은 전부 리브가 받고 이것이 한곳에 모여 주형을 만들며, 이 부분에 작용하는 횡력이 매우 커지므로 버트레스가 이를 지지하도록 하였다(그림 82).

네이브와 아일의 사이와 같이 벽체 하부의 아치로 지지한 곳은 플라잉 버트레스flying buttress의 구조법을 사용하여 그 횡력을 바깥쪽 버트레

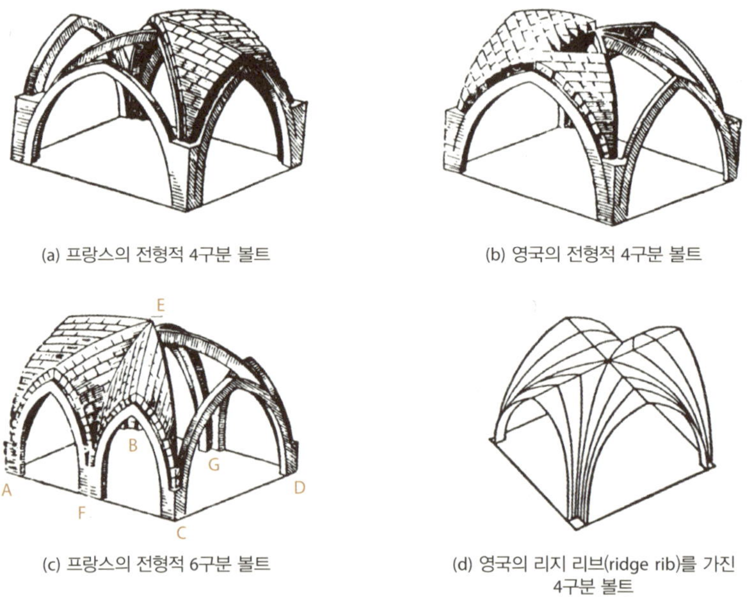

(a) 프랑스의 전형적 4구분 볼트

(b) 영국의 전형적 4구분 볼트

(c) 프랑스의 전형적 6구분 볼트

(d) 영국의 리지 리브(ridge rib)를 가진 4구분 볼트

그림 82 고딕 리브 볼트 구조도

스로 전달했다. 플라잉 버트레스는 아일의 지붕보다 높게 아일의 바깥쪽에 버트레스를 만들고, 아일의 지붕 상부 공중에 네이브의 볼트가 집중하는 곳에서부터 바깥쪽 버트레스로 궁형의 아치를 구축하여 네이브 볼트에서 오는 횡력을 바깥쪽의 버트레스에 전해 그 횡력을 지지하도록 하는 구조로 이루어져 있다(그림 83). 플라잉 버트레스는 순전히 구조적 요구에서 출발한 고딕의 독특한 수법이며, 이 버트레스 상부에는 피너클을 붙여 고딕의 특징을 잘 나타내는 동시에 회화적인 표현으로 매우 훌륭한 외관을 형성하였다.

이 플라잉 버트레스의 완성은 매우 중대한 의의가 있다. 볼트에 작

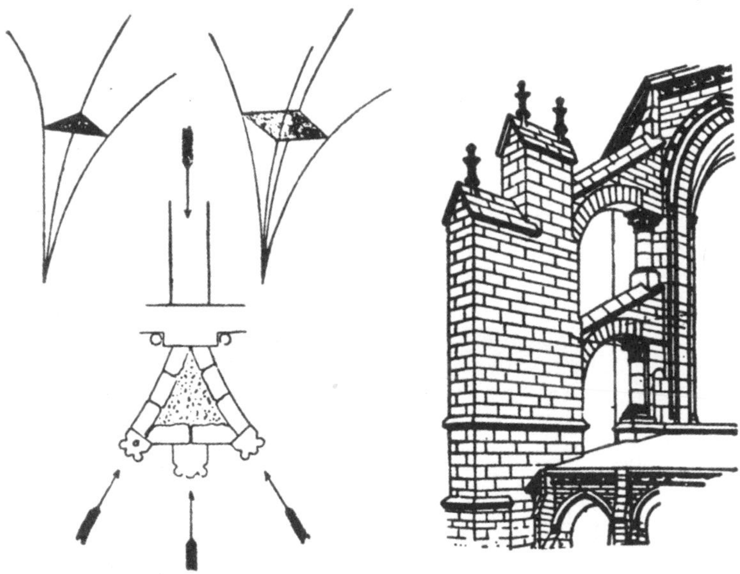

그림 83 고딕 플라잉 버트레스와 그 횡력의 분포

용하는 하중을 플라잉 버트레스가 지지하므로 네이브 외벽에 넓은 창을 자유롭게 만들 수 있어 벽의 면적이 매우 감소하였다. 따라서 주로 건물 입면에 대한 장식적 수법은 창에 집중되어 독특한 트레이서리tracery가 발생하였으며, 또 그 창에 아름다운 스테인드글라스를 사용하였다(그림 84, 85).

고딕 장식의 특징은 자연을 사랑하고 이것이 갖는 자연적 형태·자연곡선을 많이 사용하였으므로 그 장식은 희열과 평안, 합일을 뜻하는 새로운 형식으로 표현되었다.

특히 고딕 장식으로서는 초기 고딕 교회건축에서 발전한 게이블gable·버트레스·스파이어 등의 형태가 점차 건축의 중요한 장식적인 요소가 되었다. 심지어는 가구장식에도 이와 같은 형태의 장식을 많이 사용하게 되었다.

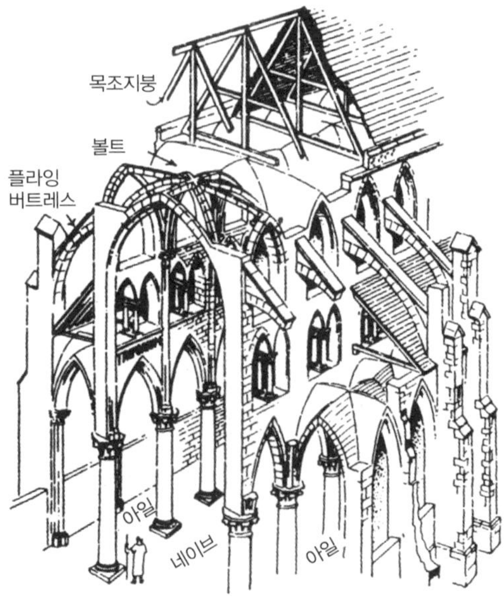

그림 84
고딕 성당의 구조 모형

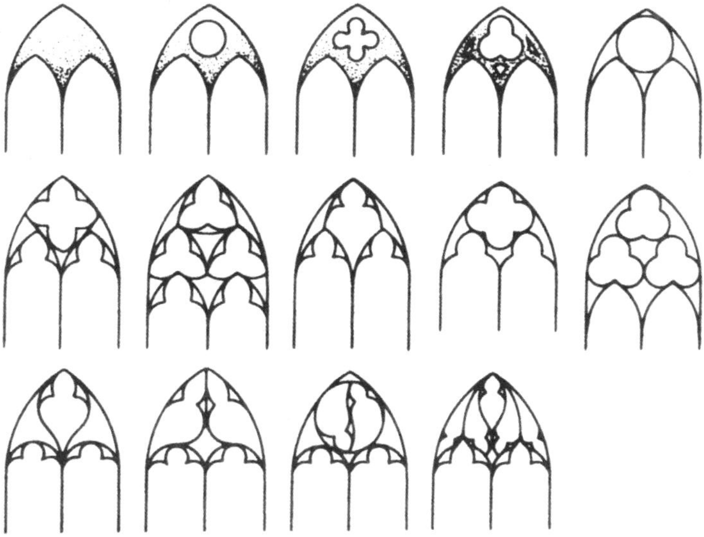

그림 85 다양한 창의 형태

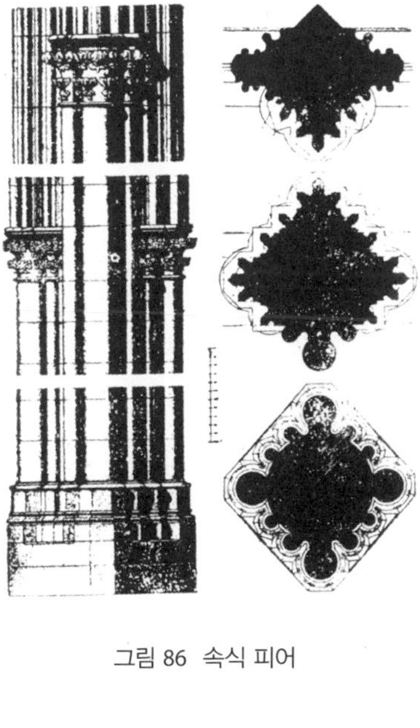

그림 86 속식 피어

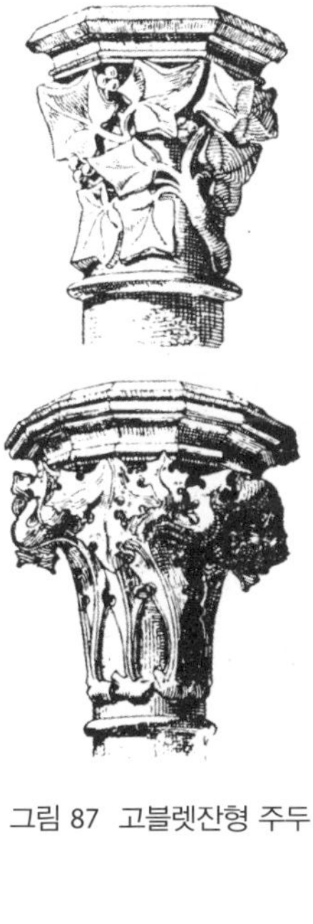

그림 87 고블렛잔형 주두

조각 장식은 고딕 건축에서 가장 많이 사용되었으며, 당시의 자연주의적 사상과 신비주의적 경향은 건축의 세부를 모두 조소적으로 취급하도록 만들었다. 조각에 있어서 육체표현의 미가 그리스에 비할 수 없더라도 그 표현의 내면적인 요소는 그리스 이상으로 깊이 표현되었다(그림 86, 87).

고딕 건축 실례

● 성 드니 수도원 성당

최초의 고딕 건축양식은 1144년, 이 성당의 제실 부분을 증축할 때 구체적으로 출현하게 되었다(그림 88, 89).

쉬제르가 계획한 제실 부분은 중앙에 제단이 있고, 이것을 둘러서 돌아가는 주회랑에 소제실들을 방사형으로 연속하여 배치했다. 이 소제실들은 버트레스 사이에 반원형으로 연결되었다. 이곳에 사용된 리브 볼트는 아직 석조기술이 미숙하였지만 고딕 양식 발생기의 모습을 잘

그림 88 성 드니 수도원 성당의 평면과 외관

나타낸다. 특히 소제실들이 연출하는 공간 분위기는 고딕 건축의 고유한 특색을 갖고 있다.

또한 쉬제르가 증축한 서쪽 정면은 버트레스에 의한 3분할, 장미창, 쌍탑(탑 하나는 미완성) 등으로 구성되어 고딕 성당건축의 기본 요소들을 갖추고 있다. 그러나 포인티드 아치의 모양이 둔하고, 장미창이 미숙하여 전체적으로 고딕 양식 발생기의 소박한 모습을 나타낸다. 이와 같은 새로운 양식은 프랑스 각 지방을 비롯하여 유럽 전역으로 전파되었다.

그림 89
성 드니 수도원 성당
주회랑

● 파리의 노트르담

파리의 노트르담Notre-Dame de Paris 성당은 프랑스에서는 초기 고딕의 대표적 건축이며, 그 규모가 매우 웅장했다(그림 90).

이 대성당의 건립 기간은 1163~1214년으로, 콰이어·트랜셉트 및 볼트 등은 1190년에, 서쪽 정면은 1214년에 완성했다. 그러나 이 건물은 혁명 때 대파되었으며, 비올레르뒤크Viollet-le-Duc가 1846~1879년 수복한 것이 현존하는 건물이다.

평면은 5랑식이며 반원형의 제실로 되어 있고 중앙 네이브의 높이

그림 90
파리의 노트르담
성당 평면과 단면

는 약 35m이다. 구조는 중앙에 넓은 네이브와 양쪽에 2개의 아일이 있고, 천장은 리브 볼트가 축조되어 있다. 트랜셉트는 돌출이 매우 적으며 아일과 거의 일직선이었다. 외관은 정면이 서향이며 그 의장이 훌륭했다. 벽면에서 깊이 들어가 있는 3개의 정면 출입구는 모두 포인티드 아치가 축조되었으며, 중앙 출입구 상부에는 지름 약 9.2m의 커다란 장미창이 있었다. 정면 입구 상부는 그리스도의 부활과 성모 마리아를 주제로 한 조각상들로 풍부하게 장식되었다.

이 건물 정면의 구도에는 절도가 있으며, 견실한 조화를 나타내고 안정된 비례 관계가 있다. 그 측면은 플라잉 버트레스가 돌출하여 있고, 그 하부에는 양쪽에 아일이 있다. 플라잉 버트레스들은 곡예적인 구조의 원리를 가시화하여 생기 있고 역동적인 외관을 형성한다. 성당 내부에는 네이브와 아일 사이에 큰 원주가 늘어서고, 그 주두 위에 작은 첨주가 2층을 지나 클리어스토리까지 올라가 높은 네이브 천장의 6분 볼트 리브를 받친다.

벽면 부분이 아직 많아 수직선 효과가 충분히 표출되지 않았으나, 스테인드글라스로 만들어진 큰 고창高窓들은 고딕 성당의 특성을 잘 나타내는 빛과 색의 공간을 창출하고 있다.

아미앵 대성당

아미앵Amiens 대성당은 고딕 건축 중 가장 규모가 큰 교회건축이다. 1220년 기공하여 정면 및 네이브를 1239년에 완성하였고, 후실 부분presbyterium은 1269년, 측면 트랜셉트는 1292~1375년에 부가되었다(그림 91, 92, 93).

건축가는 로베르 드 뤼자르슈Robert de Luzarches 및 토마 드 코르몽Thomas de Cormont과 그 아들 르노Renault이다. 외벽은 정면에 깊이 들어간 3개의 포인티드 아치의 주출입구가 있고 아름다운 조각으로 장식했다. 그 중앙 상부에는 지름이 약 11.6m인 장미창이 있고 좌우에 고탑이 있으며, 노트르담의 양식과 거의 같다. 그러나 균형이 맞지 않는 좌우의 탑으로 인해 건물의 외관은 다소 어색해 보인다.

평면은 샤르트르 성당에서 발전된 형식이며 프랑스 고딕 건축 전성기의 대표작으로 네이브·아일·트랜셉트로 되어 있다. 네이브의 높이는

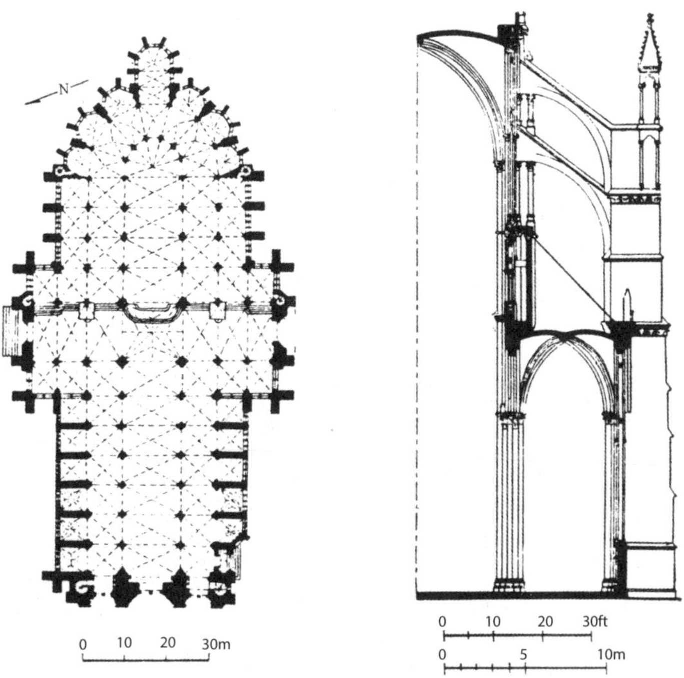

그림 91 아미앵 대성당의 평면과 단면

42.3m로, 매우 높다. 아미앵 대성당에 나타나는 모든 요소들의 비례는 매우 세장細長하여 우아하며, 고딕의 구조적 요소들을 확신을 갖고 자유롭게 활용하였다. 고딕의 뼈대구조의 개념은 아미앵 대성당에서 완전히 무르익게 되었으며, 아래에서 볼트 구조의 천장을 쳐다보면 다발로 묶인 돛대로부터 길게 드리워진 텐트 모양의 캐노피canopy처럼 보인다.

클리어스토리의 창은 기둥 사이의 면적을 모두 차지하여 여기에서부터 들어온 빛은 내부 공간을 환상적으로 비물질화시키는 효과를 낸다. 스콜라 철학에서와 같이 이 성당에서 나타나는 구조의 논리는 신비로움을 위한 것이었다. 철학가는 논리의 일치를 추구하고 건축가는 구조의 일관성을 추구하여 통합된 모습을 상징적으로 표현했다. 장미창에 사용된 스테인드글라스는 고딕 초기의 유물로 역사적 가치를 가진다.

그림 92 아미앵 대성당의 외관

그림 93 아미앵 대성당의 천장

또한 중앙에는 목재와 연판으로 덮은 높은 종탑이 서 있다.

건물을 선과 빛만으로 환원하고자 했던 고딕 건축가들의 노력은 아미앵 대성당에서 절정에 다다랐다. 이 대성당은 '고딕의 파르테논'이라고 칭할 정도로 고딕 양식을 대표하는 건물이다.

솔즈베리 대성당

솔즈베리Salisbury 대성당은 1220~1258년에 건축한 것으로, 영국의 대표적인 고딕 건축이며 공원 안에 자리 잡고 있다(그림 94, 95).

건물의 세부적인 부분은 후세에 더해지기도 했다. 즉, 회랑cloister과 참사회당chapter house은 수년 후, 탑은 1331년, 첨탑은 1335~1375년에 증축되었다. 평면은 이중의 트랜셉트로 전형적인 영국식 복십자형이며, 제실 부분은 평두형이다. 팔각형의 평면은 챕터 하우스이고 이곳과 연결되는 회랑이 있다. 성당의 내부 공간은 네이브와 아일로 되어 있고 교차 볼트가 축조되어 있다.

스크린 같은 형체로 된 서쪽 정면은 네이브보다 높으며, 내부 공간과는 일치하지 않는다. 규모가 작은 주출입구와 니치들이 형성하는 수평적 띠로 이루어진 건물 외관은 프랑스 성당건축의 외관과 매우 다르며 탑 모양도 이질적이다.

성당 내부의 인상도 프랑스 고딕 건축의 인상과 다르다. 즉, 네이브 열주에 붙어 있는 피어들이 아케이드 밑에서 중단되고, 상층에 있는 볼트의 리브들과 연결되지 않아 수평적인 특징이 강조되어 있으므로 '수평적인 고딕'이라고 그 특성을 설명하기도 한다.

네이브와 트랜셉트의 교차 부분에 있는 정방형의 첨탑 높이는 123m

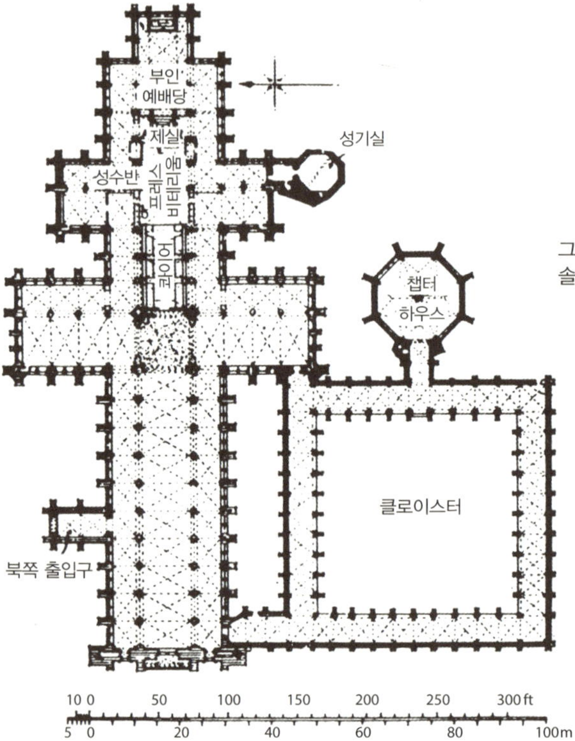

그림 94
솔즈베리 대성당 평면

그림 95
솔즈베리 대성당의 외관

로, 영국 성당의 탑 중 가장 높다. 이 탑에서 들어오는 채광은 내부 공간에 극적인 활기를 연출하며, 전체적으로 힘찬 건축 공간구성의 아름다움은 높이 평가되고 있다.

쾰른 대성당

쾰른Köln 대성당은 북유럽 최대의 고딕 성당이며, 1270년에 기공하여 콰이어는 1322년 준공하였으며, 기타 부분은 원설계에 의하여 19세기에 완성되었다(그림 96). 평면 형식은 프랑스 보베Beauvais의 대성당과 유사하고 기타 부분은 아미앵 대성당을 본보기로 삼은 곳이 많다.

평면은 아일이 이중으로 5랑식이며, 제실 부분은 방사선상으로 7개의 반원형 앱스들로 구성되어 있다. 폭은 84m, 길이는 142.7m이고, 정면 좌우에 있는 2개의 거대한 첨탑의 높이는 156m이다. 이는 독일 고딕의 특수한 투조 형식으로 되어 있다. 측면은 플라잉 버트레스가 있으며, 그 모양은 프랑스와 유사하다. 건물 내부와 외부에서 수직선이 매우 강

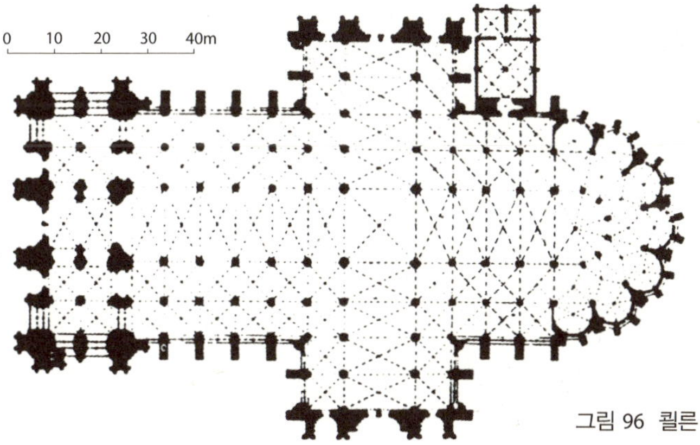

그림 96 쾰른 대성당 평면

조되었으며, 수평적인 요소는 거의 나타나지 않았다. 쌍탑이 정면을 지배하며 성당 본채의 건물이 탑에 종속되어 있는 것 같은 느낌을 준다.

밀라노 대성당

밀라노Milano 대성당은 북부 이탈리아에서 가장 중요한 고딕 건축의 실례로, 밀라노 공조에 의하여 1385~1418년에 건설되었다(그림 97, 98). 외관에는 많은 소첨탑小尖塔이 있어 이탈리아 고딕에서는 보기 드문 양식이며, 독일의 영향을 받은 것으로 추측한다.

지붕을 비롯한 건물 전체는 백대리석으로 만들었다. 그러므로 지붕의 구배가 완만하며 트리포리움이 거의 없어지고, 세부수법이 매우 화려하며 무수한 소첨탑들은 한층 복잡한 감을 준다.

평면은 이중 아일이며, 폭이 매우 넓다. 이 건물의 비례는 이탈리아적인 특성을 갖고 있어 높이에 비해 폭이 넓다. 이탈리아는 북구 지방과 달리 일조량이 많아 아일과 네이브 사이에 있는 클리어스토리가 매

그림 97
밀라노 대성당의 외관

그림 98 밀라노 대성당의 갤러리

우 작다. 또한 이탈리아인들은 그리스 신전에서처럼 건물 전체를 단일한 공간으로 만들고 싶어 했다.

창과 문에 고전적인 페디먼트pediment를 부착한 것을 보면, 후기 고딕과 고전적 요소들이 혼합되었음을 알 수 있다. 그러나 이 성당의 반이 채 건축되기 전에 르네상스라는 새로운 양식이 생기면서 이 성당의 디자인은 시대에 뒤떨어지게 되었으며, 사라져 가는 고딕 양식을 상징하게 되었다.

피렌체 대성당

피렌체Firenze 대성당은 중부 이탈리아 고딕 건축의 대표적인 실례로서 건축가 아르놀포 디 캄비오Arnolfo di Cambio가 설계하여 1294~1462년에 건축하였다(그림 99, 100, 101). 그가 공사 도중 사망하여 일시 중단되었으나, 1332년 지오토Giotto가 그 공사를 속행하였으며, 돔은 1418년 해결안 현상에 응모하여 당선된 브루넬레스키Brunelleschi의 설계로 시공되었다. 안지름이 43m인 팔각 돔이 1436년에 준공되었으며, 정면은 그 후 1887년에 완성하였다.

외관은 벽면을 많은 패널panel로 만들어 대리석조였고, 내부 공간은 네이브와 이중의 아일, 앱스로 되어 있다. 그러나 이 성당에 지오토가 붙여 만든 종탑은 장려한 대성당에서 부조화를 느끼게 한다. 평면은 앞부분이 방형이고 색대리석으로 구성되어 높이 89m의 4층으로 되어 있으며, 창들은 간단한 트레이서리로 되어 있다. 이 성당의 돔은 제작 연대나 양식이 르네상스 양식에 속하므로 다음 장에 자세히 설명하기로 하겠다.

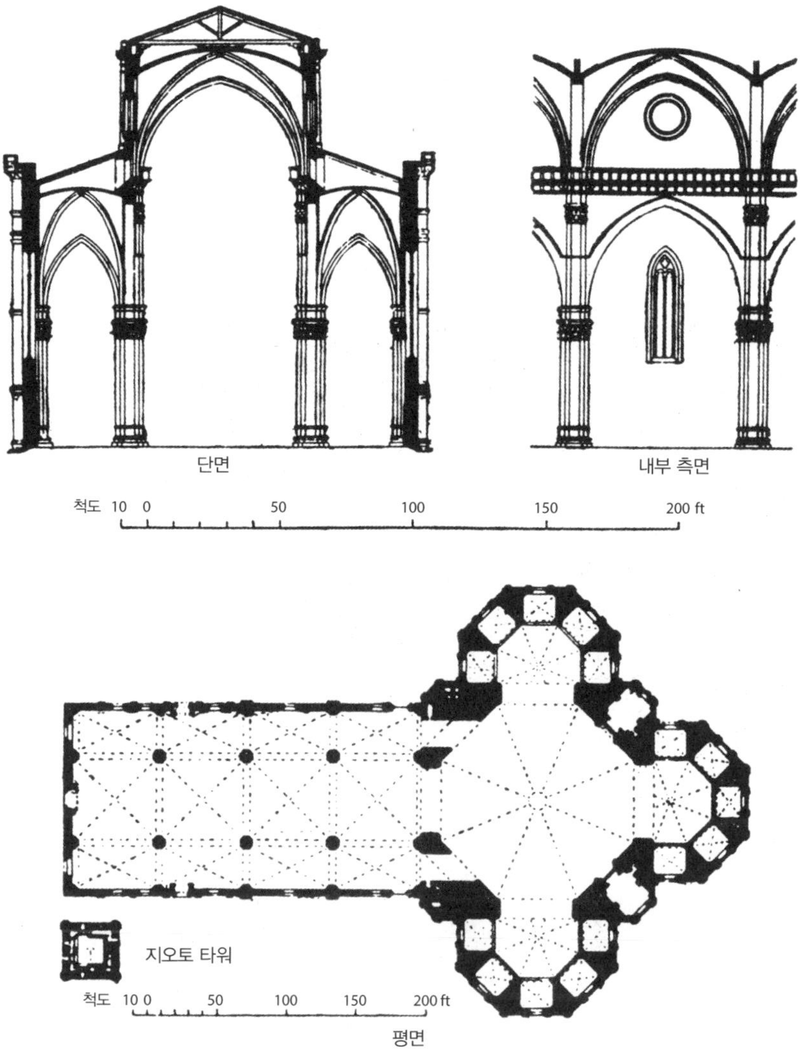

그림 99 피렌체 대성당

그림 100
피렌체 대성당의 돔

그림 101
피렌체 대성당의 외관

05

근세 건축문화

르네상스
건축

유럽에서는 14세기부터 중세의 봉건사회가 무너지기 시작하여 그리스도교회 중심의 중세문화도 쇠퇴하였다. 새로운 근세의 사회와 문화가 싹트기 시작했는데 그것은 르네상스 운동과 민주사회운동, 종교개혁 등으로 나타났다. 종교개혁은 로마 교황의 권위를 부정하고 성경과 신앙의 우위를 확립하고자 하는 운동이었다. 그것은 봉건적 구속에서 해방되고자 했던 사회계층의 욕구와 교황의 지배에서 벗어나려는 사람들의 민족적 자각과 결부하여 자유민주운동과 세속적인 사회민족운동으로 발전하였다.

르네상스는 15세기, 이탈리아에서 발생하여 프랑스·독일·영국 기타 유럽 각지로 전파된, 중세사상에 반항하는 신풍조를 말한다. 르네상스는 원래 프랑스어로, 오랫동안 쇠퇴된 것을 재생시킨다는 의미를 가져, '문예 부흥'이라고 말하기도 한다.

중세문화는 그리스도교의 신본주의神本主義적인 사상에 입각한 신세계와 새로운 낙원樂園을 건설하려는 정신에서 발전되었으나, 르네상스 문화는 인본주의적 사상에 입각하여 종교적 속박이 없는 인간적이며, 자유정신이 넘치는 새로운 세계를 동경하여 발전하였다.

따라서 인본주의 사회의 원조라고 할 수 있는 그리스 및 로마 사회의 정신을 회고하였으며, 이를 부흥 혹은 재생하여 인간주의적 정신을 다시 찾으려고 노력하였다. 그러나 이 건축문화는 단지 외형적 모방에 그치지 않고, 고전적인 디자인과 고딕의 구조적인 지식을 기초로 변용하여 발전시켰다.

르네상스는 인간적 자유와 수양에 대한 근세의 출발점이며, 이러한 점이 중세와 대비하여 그 문화적 가치가 매우 높이 평가되었다. 그러나 20세기에 와서는 근세문화에 대한 반성과 재인식을 하였다. 바자리Vasari가 비판한 바와 같이 르네상스는 중세와 대비하여 생각할 것이 아니라, 중세 정신주의의 기반을 밑거름으로 성장한 것이라 생각하게 되었다.

중세에서는 자연에 대한 복종의 미덕을 칭송하였으나, 르네상스 시대에는 자연의 기쁨, 아름다움, 풍족함을 표현하고 감사하였다. 페트라르카Petrarca는 대담하고 솔직하게 자연을 노래하였고, 단테Dante는 인간창조의 이상을 높이 앙양시켰으며, 보카치오Boccaccio는 고전에서 현실을 발견하였다.

이들 문학가들의 사상은 매우 인간적이어서 단순한 종교문학에서 벗어나 자유정신이 넘쳤다. 이들 선구자의 정신에는 종교로 인하여 상실하였던 그리스도교 이전의 자유인으로서의 노력·희망·정서가 그 중심이 되었으며, 그들은 그리스도교적 속박을 벗어나 그 위선을 배척하고 진리를 구가하며 인간성의 개방을 목표로 하였다. 이를 통해 미술 및 문학에 있어 고전에 대한 연구열이 왕성하였으며, 각 방면에 비중세적인 경향이 보급되었고 새 시대의 막이 이탈리아를 중심으로 올라가기 시작했다.

이때, 즉 14세기 말엽에서 15세기에 이르러 동로마 제국은 터키의 압박을 받아 1453년 마침내 콘스탄티노폴리스가 함락되었다. 이를 계기로 그 땅에 살던 많은 학자들은 이탈리아로 도피했다. 이들은 환영을 받으면서 연구에 종사하게 되었고, 이탈리아 학술 및 예술의 지도자로서 많은 역할을 하여 르네상스 운동의 직접적인 원동력이 되었다.

한편, 이탈리아는 원래 훌륭한 클래식의 전통과 많은 고전적 예술품을 가지고 있었으므로 고전연구에 유리하였을 뿐 아니라 십자군 이후 각 도시가 동양무역을 하여 동서 문화 교류의 기회를 많이 가졌다.

당시 피렌체는 그 지방의 권세가, 코시모 데 메디치Cosimo de Medici가 문학 및 예술의 애호가였기 때문에 이탈리아의 문화 중심지를 넘어 이탈리아에서 최초로 르네상스 예술의 중심지가 되었다.

건축가로는 브루넬레스키Brunelleschi · 도나텔로Donatello · 알베르티Alberti · 레오나르도 다 빈치Leonardo da Vinci · 미켈란젤로Michelangelo 등 천재적 건축가들이 나왔으며, 르네상스 운동은 이탈리아를 중심으로 각지에 파급되었다.

원래 이탈리아는 고전시대부터 내려오는 훌륭한 건축문화의 전통을 가지고 있었으며, 고전문화는 그들 생활 속에 불가분의 관계로 각 시대를 통하여 뿌리 깊게 남아 있던 요소였다. 그러므로 13세기 북유럽에서 발생하여 전 유럽을 휩쓴 고딕 건축문화도 이탈리아에서는 큰 발전을 이루지 못하였다.

14세기, 각 방면에서 고전 학예 연구에 대한 사조가 왕성해지면서 건축에서도 고전양식 연구의 열의가 점차 높아졌고, 15세기에 이르러서는 고전 로마의 문화를 기초로 하여 그 양식 요소들을 창의적으로 자유롭게 구사한 새로운 건축양식을 형성하게 되었다.

중세 건축문화에서 건축은 분리되었던 구조와 의장을 합리적으로 통일시키고자 노력하였으며, 고딕 건축문화에 이르러서 구조체와 디자인이 종교적 관념에 의하여 융합, 조화되어 그 이상을 구현시켰다.

르네상스 시대에는 고전 로마 건축물을 연구하면서 외관에 구애되어 구조와 디자인이 분리되어 있었던 고전 로마 건축의 약점을 발견하게 되었다. 또한 일면 구조와 디자인을 융합시킨 중세의 건축적 이상을 이해하고 있었기 때문에 고전양식을 기초로 건축의 구조체와 디자인을 조화하고 통합하는 방향으로 발전시키려는 경향이 있었다.

고딕 건축에서는 외관의 수직선을 디자인의 주요소로 하여 앙천적仰天的인 종교이념을 표현하였으나, 르네상스 건축은 이와 정반대로 수평선을 디자인의 주요소로 인간의 사회관과 그 횡적인 유대를 상징하며, 휴머니티humanity의 이념을 표시하였다. 이는 단적으로 두 건축문화의 차이를 나타내는 흥미로운 사실이다. 또 고딕 건축에서는 개별 형태의 미적 통합에 힘썼으나, 르네상스 건축은 전체적인 평면계획 및 그 외관의 구성에 있어서 비례proportion·균제symmetry 등을 중시하였다는 점에서 역시 좋은 대조를 이룬다.

그리스도 교회당 건축은 이 시대에도 중요한 위치를 차지하고 있었다. 중세에 잠재적으로 남방의 전통을 지키던 이탈리아의 건축가들은 르네상스가 시작되면서 거침없이 자기 방식에 따라 성당건축을 시작하였다. 그러나 고전의 양식을 그리스도교 이념과 모순되지 않게 적용하는 데는 많은 어려움을 겪었다. 속세적인 수평선의 강조를 천국을 지향한 수직선의 희구와 조화시키려는 시도들에서 거장들의 개성과 역량이 나타났다고 생각한다. 건축가들은 고딕 시대에는 거의 사용하지 않던 집중식 회당에 관심을 갖고 추구하였다.

교회건축의 형식을 보면 평면은 주로 로마식 바실리카 형식에 근거하였으며, 그릭 크로스Greek Cross 또는 라틴 크로스Latin Cross 등의 평면형을 사용하였으나, 내부에 다수의 기둥을 병립시키지 않고 구획을 크게 하여 광활한 공간을 만들었다.

맹목적으로 그리스의 전통을 답습했던 로마 시대와 달리 르네상스에서는 의장면을 더 많이 고려하게 되었다. 고딕 건축은 구조미에 종교적 열정을 충일시켜 표현하였으나, 르네상스 건축은 힘의 균형에 의한 정적인 미의 표현을 위해 노력하였다.

르네상스 건축의 세부수법은 고전 로마의 것을 본떴으나 단순한 모방이 아니라 예술적 감각으로 변용하기 위해 힘썼으며, 건축은 일반적으로 토대 위에 벽체를 놓고 벽체 상부에 코니스를 수평으로 돌려 벽면을 구획 장식하였다. 이 세 가지의 요소를 바탕으로 창과 출입구, 기타 세부 취급에서의 조화를 찾았다. 특히 벽면은 이 모든 디테일 외에 건축적 미를 나타내는 바탕으로 가장 중요한 요소가 되었다. 이러한 벽면의 미는 러스티케이션rustication 같은 새로운 방법으로 형성하였다.

르네상스 건축의 파사드façade 취급은 안정감에 의한 예술적 미를 나타내도록 하였으며, 고대 오더의 원칙을 그대로 사용하였으나 그 세부의 취급은 매우 자유로웠다. 건축가들은 다방면에 예술적 재능을 갖고 있었으므로 미적 가치가 높은 작품들이 창조되었다. 오더는 투스칸식·도리스식·이오니아식·코린티안식·콤퍼지트식을 사용했다.

지붕의 볼트 및 돔은 가장 특이하며 자유자재로 설계되었다. 돔의 구조법은 비잔틴 양식에서 배운 것으로, 드럼drum을 높게 하고 창을 만들었다. 이 형식은 르네상스식 돔의 관례적인 수법이 되었다. 그리고 그 안쪽 천장은 회벽으로 바르고 그 위에 프레스코를 그렸으며 매우 아름답게 만들었다. 고딕 시대에 애용되고 극단적으로 발달했던 리브 볼트와 같은 번잡한 볼트 구조가 사라지고, 오히려 반원통형 볼트와 같이 간단한 로마식 볼트 구조법이 부활하였다.

르네상스 건축에서 장식은 매우 중요시되었으나 중세 건축과 같이 건축의 일부분으로 장식을 사용하지 않고, 순수미술 작품을 장식적으로 부가시킨 감이 있었다. 그러나 당시 건축가는 화가 또는 조각가, 공예미술가를 겸한 사람이 많았기 때문에 건축과 잘 조화되어 장식적으로 좋은 효과를 나타낼 수 있었다.

화법의 과학적 연구 결과로서 투시도법이 발견되었으며, 이 방법은 당시의 건축구성에도 많은 영향을 미쳤다. 장식문양은 고전문양에서 힌트를 얻었으나, 직접 지방의 식물, 자연을 관찰한 데서 유래한 것으로 아칸서스·뇌문雷文·기하문양·트로피·리본·화식·화환·인물·동물·기구 등을 조합하여 사용하였다.

르네상스 건축은 오랫동안 종교세계에 사로잡혀 있었던 중세의 막을 헤치고 그 정신을 자유의 세계로 진출하게 한 것이며, 이 운동이 후에 근대건축을 유도하는 기초가 되었다. 따라서 근대건축의 근원으로서 르네상스 건축문화의 공적을 높이 평가해야 할 것이다.

르네상스 건축 실례

피렌체 대성당의 돔

피렌체Florence 대성당의 돔은 1420~1434년에 완성된 브루넬레스키(1377~1446)의 대표작이다. 브루넬레스키는 초기 이탈리아 르네상스 건축가 중의 대표적인 사람으로 소년 시절 보석·금세공술을 배웠으며, 후에 기계에 관한 학문을 배운 뒤 조각가를 지망하여 그 기법을 배웠다. 27세에는 로마로 유학하여 고전 로마의 건축 유례에 관한 연구를 하였고, 4년 후 고향에 돌아와 건축가로서 활동하기 시작하여 많은 훌륭한 건축을 남겨 놓았다.

그는 로마 건축양식을 재현하지 않고, 고전적 원주·필라스터·엔태블러처 등의 건축구성 요소들을 고전 로마인이 상상도 못하였을 만큼 명징한 새로운 방법으로 구성하였다. 또한 형태와 공간을 모두 인간적으로 만들기 위해 전에 없던 자유로운 수법을 사용하였다. 그의 고전적 모티프는 단순·경쾌·우아하였으며, 이후 16세기 초 로마에서 발달했던 무게 있고 엄격한 고전 모티프와는 전혀 달랐다. 그는 새로운 건축 발전에 크게 공헌한 건축가였다.

원래 이 돔의 축조 문제는 14세기, 이 성당이 계획되었던 때부터 내려온 숙제였으나 결국 설계현상 모집에 당선한 브루넬레스키의 안으로 완성되었다. 돔의 지름은 43m로 팔각의 드럼 상부에 놓여 있으며, 그 돔의 구조는 고딕 양식의 원리를 따랐고 기존 돔에서 힌트를 얻었다.

이 돔은 리브를 갖는 이중 셸shell로서 중앙에서 방사하는 8개의 주리브main rib와 그 사이에 16개의 중간 리브intermediate rib가 있다. 리브와 리브 사이에는 수평 방향의 아치가 줄지어 있으며, 이들 리브와 아치를 사이에 두고 내각과 외각이 맞서 있고, 그 형상은 거의 비슷하다. 드럼에는 버트레스가 없으며 채광용의 원형창을 드럼 주위에 만들어 놓았다.

브루넬레스키가 심혈을 기울여서 만든 이 돔의 형식은 근대에 이르기까지 모범이 되었으며, 여러 면에서 건축문화사상 근세의 시발점으로 생각된다. 이 돔의 건축 형태는 건축가가 주어진 어려운 건축적 과제를 전에 없던 독창적인 방법으로 해결한 좋은 예가 되었다.

● 성 스피리토 성당

성 스피리토Santo Spirito 성당은 브루넬레스키가 설계한 바실리카식 교회당이다(그림 102). 평면은 3랑식으로 트랜셉트와 앱스까지 아일이 돌아간 것이 특이하다. 네이브는 목조 천장이며 실내 열주의 상부에는 아치가 축조되었다. 주두에는 각각 독립된 엔태블러처가 있으며, 그 위에 아치가 있어 비잔틴 양식의 부주두와 비슷한 모양을 갖게 만들었다.

이 건물의 평면은 기하학적 계획의 걸작이며 초기 르네상스 건축가들이 공간에서 수학적 관계를 추구했던 것을 잘 보여 준다. 이 성당은 한쪽을 연장시킨 중앙집중식 공간으로 장축형의 특징을 전통적 기능에 맞게 채택하였다.

이 성당의 형태는 그 시대 사람들의 세계관을 나타낸다. 당시는 우주의 질서를 단순한 수학적 관계로 이해하였으므로 브루넬레스키는 이 건물에서 그것을 표현하고자 하였다. 또한 하나님 중심에서 인간 중심적인 세계관으로 변화하는 것을 보여 준다. 즉, 이 건물 내부에서 사람은 돔 바로 아래에 서서 건물 중심에서 공간을 주재하는 느낌을 갖도록 계획되어 있다.

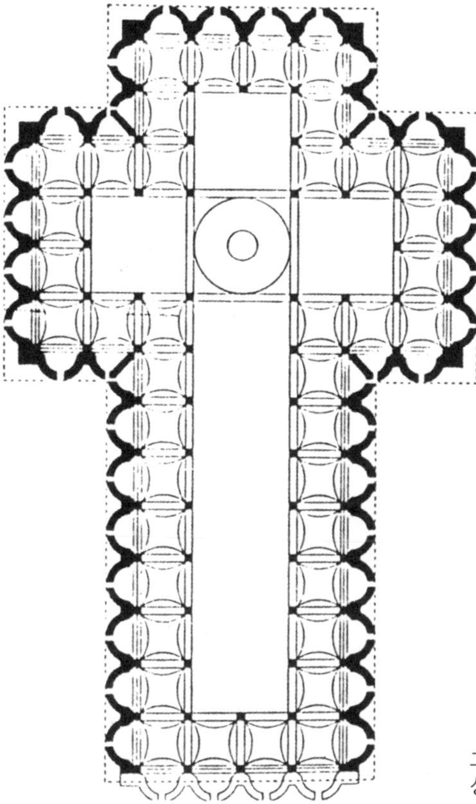

그림 102
성 스피리토 성당의 평면

● 성 안드레아 성당

성 안드레아Sant Andrea 성당은 만투아Mantua에 있으며 알베르티Leon Battista Alberti(1404~1472)가 설계하였다(그림 103). 1472~1512년에 건축되었으며, 대표적인 르네상스 성당이다. 알베르티는 처음에 고전 문학을 연구하여 그 방면에서도 이름나 있었으나, 후에 건축가로 활동하면서 많은 작품을 남겼다. 그의 건축 작품은 장식적으로 완성에 이르렀다. 그는 고전적 모티프를 사용하여 인간적인 공간을 구성하며, 명징한 공간을 창조하기보다 건축에 법칙을 부여하는 동시에 건축이 로마적인 특색을 갖도록 조형하려 했다. 그러한 의미에서 후에 로마에서 발달했던 중기 르네상스의 선구자였다고 할 수 있다.

이 성당의 평면은 라틴 크로스로 3랑식이며 실내에는 반원통형 볼트가 축조되었고, 네이브와 트랜셉트의 교차부에는 높은 돔이 있으며

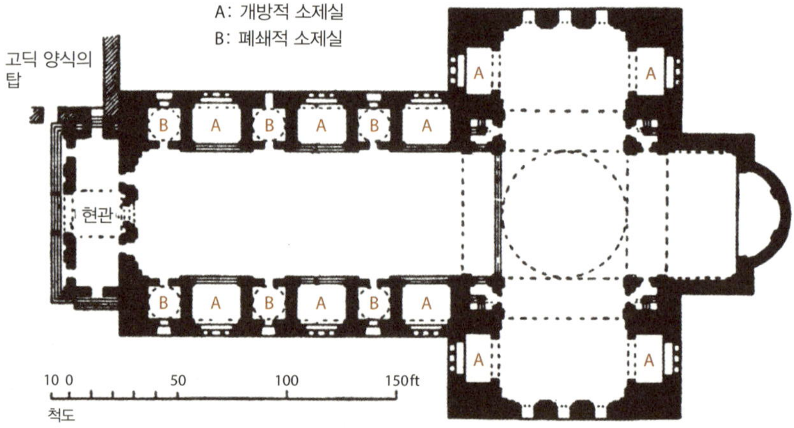

그림 103 성 안드레아 성당의 평면

그 드럼에 채광용 창이 있다. 정면에서 바라본 이 성당의 외관은 로마의 개선문을 연상하게 만든다. 독창적으로 계획된 정면 외관은 로마식 모티프인 신전의 정면과 개선문 아치의 두 요소를 결합시킨 것으로 생각된다.

이 평면은 성 스피리토 성당에서와 같이 전통적인 장축형 평면 형식에 당시 미적으로 더 선호되던 중앙집중식 평면을 결합한 것이다. 3랑식 바실리카의 아일 부분은 소제실小祭室로 이용되어 결국 내부가 단랑식인 것처럼 느껴진다. 이와 같은 평면 형식은 후에 이탈리아 성당에서 선호되던 형식의 선구적인 예이다. 소제실들은 개방적인 것과 폐쇄적인 것이 연달아 반복되어 선율적인 공간을 형성하나, 중앙제실부의 집중적인 공간구성이 두드러지게 나타난다.

템피에토

이 건축은 로마시 몬토리오Montorio의 성 피에트로 대성당 내에 있다(그림 104). 원래 이 성당은 15세기 말, 스페인의 페르디난드Ferdinand 공과 이사벨라Isabella 여왕을 위하여 건설한 르네상스 성당이나, 이 성당의 건축보다 그 중앙에 있는 원형의 사당, 템피에토Tempietto가 더 유명하다. 템피에토는 성당 북쪽과 접하는 회랑에 서 있고, 성 베드로가 순교할 때 이 장소에 십자가가 세워졌다고 전한다. 이를 기념하기 위하여 그 자리에 템피에토가 건설되었다.

템피에토는 브라만테Donato Bramante(1444~1514)의 설계에 의해 1502년 건축되었다. 형식은 지름 6m의 원형으로 주위에 16개의 도리스 오더 기둥이 있으며, 지붕은 반구상半球狀의 돔이 축조되었다. 템피에토는 규모

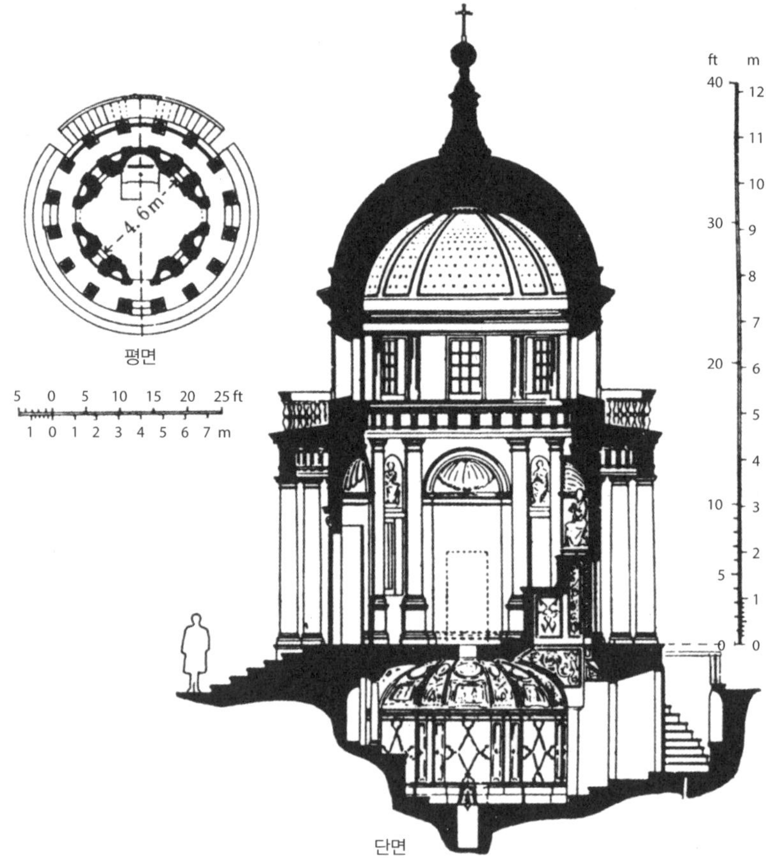

그림 104 성 피에트로 대성당의 템피에토

는 매우 작으나 르네상스의 특질을 잘 나타내며 디자인이 매우 우수하다. 또한 이 건물은 르네상스와 그 이후의 시대에 있어 돔 건축의 표본이 되었으며, 브라만테가 성 피에트로 대성당을 설계하는 출발점이 되었다고 평가하기도 한다.

브라만테는 피렌체의 제일가는 건축가였던 브루넬레스키의 사후에 활동하기 시작하였으며, 로마파의 대표라 할 수 있다. 브루넬레스키는 르네상스 건축의 선구자로서 독창적이었으나, 브라만테는 모든 면에 있어서 브루넬레스키의 영향을 많이 받았다.

그는 처음 회화로 시작하여 후에 건축으로 전환하였으며, 피렌체 출생으로 밀라노 등 기타 각지에서 건축 활동을 하고 이후 로마에서 주요한 대표작을 만들었다. 그는 투시법을 이용하여 집중적인 평면을 사용하기 시작하였다. 이 집중적 평면의 발전은 그의 생애의 주요 과제였다고 할 수 있다.

르네상스 건축에서 많이 나타났던 이와 같은 집중적 평면의 활용은 인간을 세계의 중심으로 하는 사상, 즉 그 건물의 중심에 위치하는 인간의 눈을 중요하게 의식하는 태도로 나타났다. 이와 같은 평면은 기념적 성격을 가지며 신앙과 종교의식을 위해서는 본질적으로 적절하지 못했다. 중세의 교회당은 회중의 동선·시선이 모두 일직선으로 제단을 향하여 하나님을 앙모하였으나, 르네상스의 교회당은 그 내부에서 인간이 주위를 바라보고 중심 돔을 올려다보며 자기를 초점으로 하여 공간의 통일과 장려함을 즐기고, 하나님을 우러러보면서도 자기의 힘을 의식하게 만드는 내부 공간을 형성하였다.

● 성 피에트로 대성당

성 피에트로St. Pietro 대성당의 역사는 매우 오래되었으며 초기 그리스도교 시대에 바실리카식 성당으로 건축되었으나, 그 후 수차례의 변화 끝에 16세기 초, 율리우스Julius 2세 시대에 브라만테의 설계로 1506년부터 대규모의 개축 공사를 시작하였다. 브라만테의 설계안은 중앙에 큰 돔이 있는 그릭 크로스와 정방형을 혼합한 집중형 평면의 건물이었으며 거대한 규모로 계획되었다. 브라만테는 중앙에 판테온과 같은 큰 돔을 만들고 십자형 평면 끝에 반돔을 놓았으며, 네 모서리에 소형 그릭 크로스의 예배실을 두어 작은 돔을 만들었다. 성당 평면은 완전한 대칭형으로, 두꺼운 벽체를 조소적으로 처리하여 거대한 석조 매스mass의 압도적인 장관을 갖도록 한 것은 참신하면서도 매우 로마적인 처리였으며, 이는 17세기 건축에도 큰 영향을 미쳤다(그림 105).

의장면도 신중히 고려하여 척도 개념이 충분히 적용되도록 힘썼으며, 인체를 기준으로 한 스케일로 거대한 전체의 크기를 표현하려고 노력하였다. 그러나 1515년 중앙의 큰 돔을 받치는 대지주를 건설하던 도중 브라만테가 사망하였다. 그 후 중앙 돔의 지주가 구조적으로 약하다는 지적으로 브라만테의 안은 변경되어야 했다. 브라만테의 사후 라파엘로Raphael와 상갈로Sangallo 등이 설계 변경에 관여하였으나 모두 완성하지 못하였고, 1546년에 미켈란젤로가 완성하였다. 이때 그는 71세의 고령이었으나 '신에 대한 의무'로서 이 성당의 완성을 담당하게 된 것이라고 한다.

미켈란젤로(1475~1564)는 레오나르도 다 빈치와 함께 르네상스의 예술가로서 유명하며, 피렌체 부근에서 출생하여 처음에는 조각을 배우

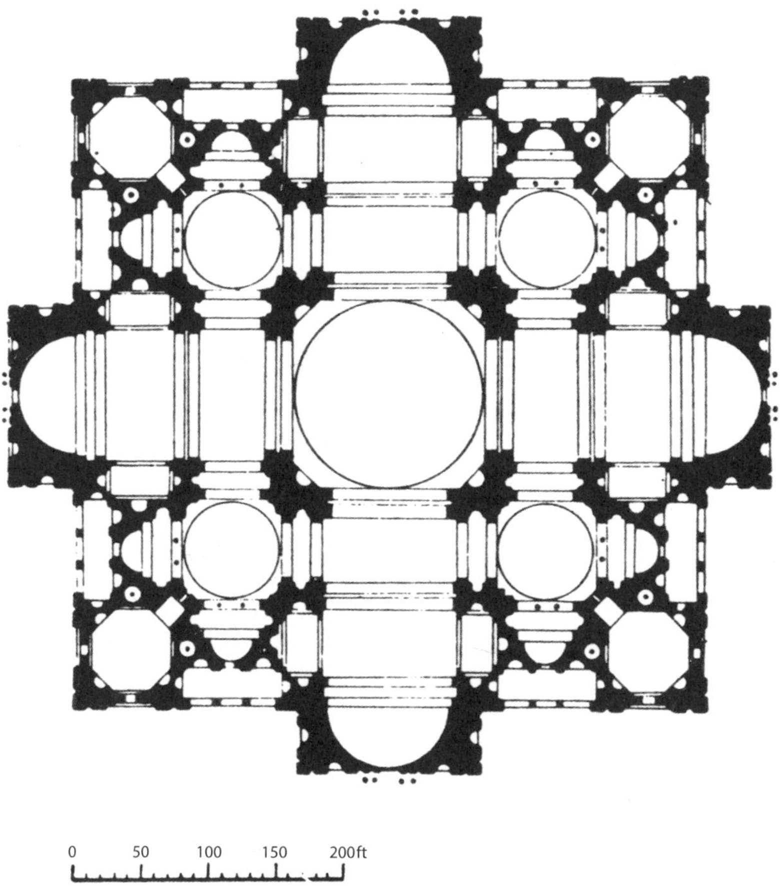

그림 105 브라만테의 성 피에트로 대성당 평면

고 후에 문학·회화·건축을 배웠다. 따라서 그는 조각가인 동시에 시인·건축가·화가로서 모든 방면에 우수한 재능을 발휘하였다. 미켈란젤로는 브라만테의 건축수법에 반대하고 그 수법의 타파를 시도하였다. 그는 조각을 배경으로 건축을 연구하여 건축의 영역에 들어왔으며, 그의 작품 활동은 16세기의 이탈리아 건축양식에서 적당한 위치를 부여하기 힘들 정도로 특이한 개성을 보였으며, 바로크Baroque 건축의 시조로 지칭되었다. 그의 수법은 특히 중기 르네상스의 원칙에 반대하여 건축의 본질이 조소라고 생각하였고, 이를 자유롭고 다이내믹하게 발전시키는 태도를 기본으로 하였다. 그의 예술작품은 창작이라는 구체적 목적을 넘어 자기 고뇌의 해결이라는 정신적인 것에 그 목적이 있었으며, 그는 일체의 유행을 멀리하고 개성을 추구하였다.

그는 독실한 가톨릭 신자였기 때문에 그에게는 건축도 우선 자신의 정신적 체험을 직접적으로 표현하는 수단으로 여겨졌다. 따라서 당시 다른 건축가들이 아카데믹한 규범을 추구하거나 때때로 그 기틀을 의식적으로 깨뜨려 소극적으로 자유를 즐기려던 태도와는 전연 달랐다.

미켈란젤로는 새로운 구상에 의해 성 피에트로 대성당의 건축을 추진하였으며, 브라만테의 복잡하고 섬세한 안을 지양하고 단순화하여 야성적이며 힘차게 만들어, 전 세계적으로 하나님과 그리스도의 영광을 찬양하며 그 승리를 상징화하려고 하였다. 즉, 원주와 반주를 없애고 벽을 힘차게 표현했으며, 덩어리로 된 힘찬 벽 위에 견고한 지붕을 놓고 그 위에 큰 돔이 솟아오르도록 했다(그림 106).

이 건축의 중심은 돔이었다. 브라만테는 처음에 로마의 판테온식의 반원 돔을 설계하였으나 미켈란젤로는 이를 변경하여 높게 만들었다.

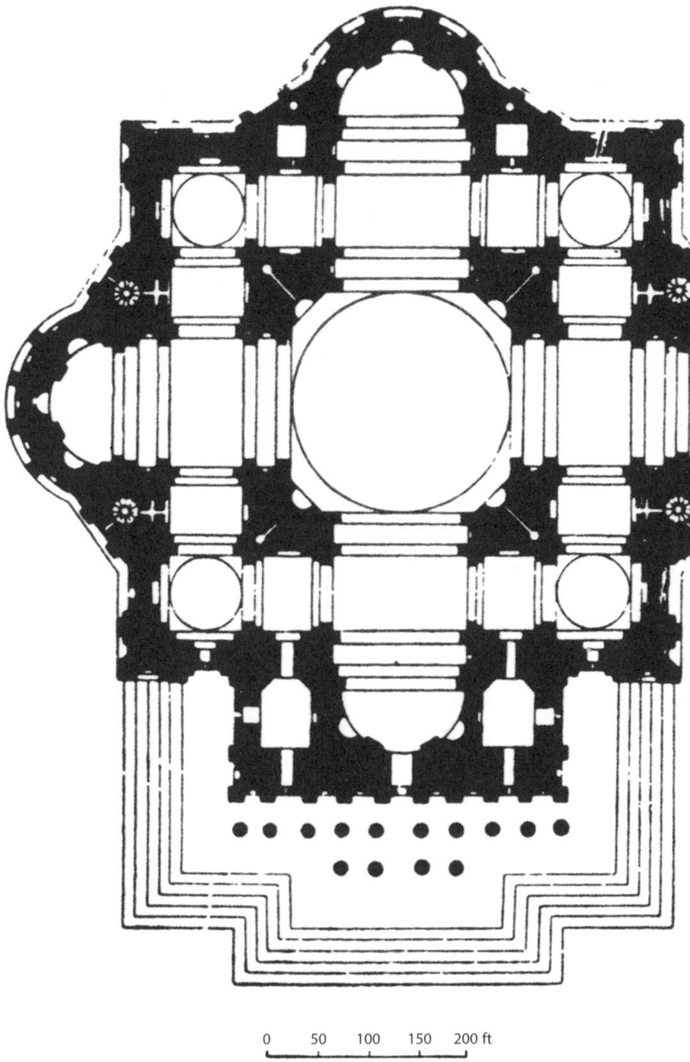

그림 106 미켈란젤로의 성 피에트로 대성당 평면

미켈란젤로의 평면은 브라만테의 것과 흡사하며, 그릭 크로스를 기본으로 한 집중적 평면이었으나 네 모서리의 작은 그릭 크로스를 없애고 중앙의 큰 돔으로 초점을 집중시켰다. 그 돔은 브라만테의 돔보다 훨씬 큰 지주를 필요로 하였기 때문에 미켈란젤로의 평면은 훨씬 더 힘찬 조소성을 가졌다. 중앙부의 4개의 거대한 기둥은 브라만테의 배 이상으로 굵고 주벽도 훨씬 두꺼워졌으며 간결하고 힘이 있다. 그러나 브라만테가 고려했던 인간적인 척도 개념은 사라졌다. 돔은 내경이 42m인 장대한 것으로 구조는 바깥쪽이 16개의 리브로 구분되어 있고, 이것을 지지하기 위하여 드럼에 각각 2개씩의 기둥이 서 있다.

이 돔은 어느 측면에서 보나 전체 건축디자인의 중심이 되도록 설계되었다. 이 돔으로 반종교개혁의 본거지인 로마교황청의 힘과 통일을 과시하려 시도하였고 구조를 희생하여 시각적인 효과를 얻도록 만들었다.

미켈란젤로는 이 중앙의 큰 돔의 완성을 보지 못한 채 1564년에 사망하였지만, 그의 제자인 비뇰라Vignola가 그의 계획에 따라 건축하였다. 그러나 중앙 큰 돔 양쪽에 작은 돔을 추가하였기 때문에 미적인 효과는 감소하였다. 중앙 돔의 축조는 1585~1590년, 쟈코모 델라 포르타Giacomo della Porta와 도미니코 폰타나Dominico Fontana의 두 건축가에 의하여 완성되었다. 템피에토의 돔과 같이 돔의 형태와 세부 디자인 등은 근대에 이르기까지 모범이 되었다.

17세기에 이르러서는 카를로 마데르나Carlo Maderna에 의하여 회당 부분이 연장되어서 3랑식의 바실리카식 평면으로 변경되었으며, 전랑 부분이 첨가되어서 현재와 같은 정면의 외관을 이루게 되었다.

올림피코 극장

1584년에 비첸차Vicenza에 건축된 올림피코Olympico 극장은 팔라디오Andrea Palladio(1508~1580)가 고전극장 형식에서 발전시켜 설계한 것이다. 오디토리엄auditorium(관중석 부분)에는 고전 로마와 달리 무개無蓋가 아니라 지붕이 있으며 근대의 극장과 흡사하다(그림 107, 108, 109).

오디토리엄은 반타원형으로 장경이 29.6m이며 14단의 좌석이 있고 후방에는 벽면이 있으며 코린티안 오더가 서 있다. 또 무대는 그 폭이 18.3m로, 중앙 후부에 깊은 돌출부가 있어 당시 처음으로 유행했던 투시도법을 응용하였다. 이는 극장건축 발달사상 주목할 만한 사실이었다.

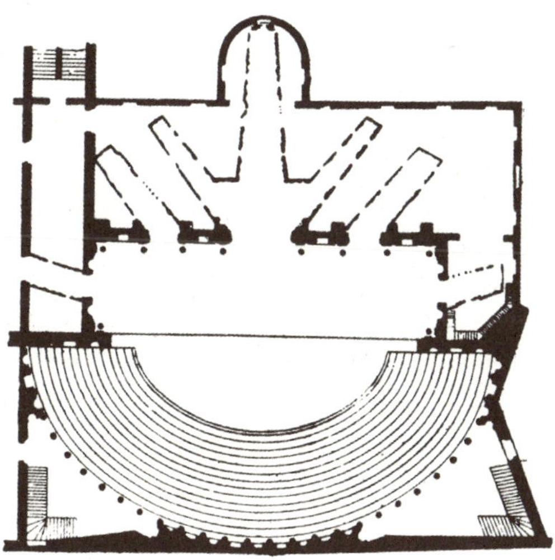

그림 107
올림피코 극장의 평면

그림 108 올림피코 극장의 내부
그림 109 올림피코 극장의 정면

● 카프라 별장

비첸차는 베네치아 북부에 있으며 르네상스 건축가로 유명한 안드레아 팔라디오의 출생지로 그의 작품이 많이 남아 있다(그림 110). 그는 최후의 르네상스 건축가로서 로마에서 고전 건축의 실측 연구를 하였다. 또한 미켈란젤로 다음으로 이탈리아 르네상스 건축에서 개성 있는 작품을 만든 대표적 건축가로, 그의 작품과 그가 저술한 건축서는 북부 여러 도시에 커다란 영향을 미쳤다. 그는 르네상스 매너리즘 시대의 건축가로서 로마 건축에서 영향을 받아 로마적인 장중한 위엄과 북부 이탈리아의 독특한 개방성 및 자유로운 감각을 취하여 자기 작품의 기본적 성격으로 만들었다.

팔라디오는 교회당의 건축가가 아닌 주로 공공건축물·주거·별장의 건축가였다. 카프라Capra 별장은 빌라 로톤다Villa Rotonda(원당)라고도 하며, 비첸차 교외의 언덕 위에 세워진 팔라디오의 작품이다. 여기서는 신전의 원형이 고대주거였다고 생각한 팔라디오의 고전 이상이 잘 나타나

그림 110
카프라 별장

있다. 정방형 평면의 중앙에는 로톤다가 있으며 그 위로 돔이 높이 솟아 있다. 네 모서리에는 전실이 부수된 4개의 방이 있다. 이 건물은 당시 고위 성직자들의 사교모임을 위해 만들어진 것이었다.

4면 중앙에는 높은 단으로 돌출된 출입구가 있으며, 이 건물은 사방이 똑같은 외관을 가진다. 네 곳의 고단은 중앙 로톤다에서 쉽게 연결되어 방문객들이 어느 방향으로 나가도 쉽게 전망을 즐길 수 있게 기능적으로 계획되었다. 열주가 서 있는 주출입구는 건축적으로 세련되었으며, 그 측벽에는 아치가 있어 빛과 음영의 변화를 주는 동시에 통풍에도 유리하다.

이 건물의 중앙집중형 평면은 감각적이고 기능적이며, 규모는 작아도 조화된 완벽성을 보여 준다. 또한 이 건물은 고전양식의 냉정함보다는 매력을 느끼게 하기 때문에 순수한 예술작품으로 평가되고 있다.

● 루브르 궁전

르네상스 초기의 프랑스는 전제군주정치를 하였다. 세력을 가진 군주 및 귀족 등이 경쟁하여 장대한 궁전과 성관城館을 건설하였기 때문에 당시의 건축은 주로 궁전과 귀족의 별장이었다.

루브르Louvre 궁전은 프랑수아 1세부터 루이 14세에 이르는, 프랑스 르네상스 중 가장 예술 활동이 활발했던 시대에 건축되었으므로 프랑스 르네상스 각 기를 대표하는 건축이자, 프랑스 르네상스 건축의 발달사를 엿볼 수 있는 중요한 궁전건축이다(그림 111).

루브르 궁전은 가로, 세로 각각 122m인 중정을 둘러싸고 건축되었고 중정에는 주랑柱廊이 없으며, 하층은 코린티안 오더, 상층에는 콤퍼지트 오더의 편개주가, 최상층은 낮은 편개주가 사용되었으며, 벽면 코니스 등에 사용된 조각 장식 등은 이탈리아 르네상스 궁전과 다른 면이 많았다.

그림 111
루브르 궁전 내정의 입면

바로크 및 로코코 건축

바로크

바로크Baroque는 르네상스 말기에 이탈리아에서 시작한 양식으로, 르네상스를 새로운 이상을 통해 발전시켰다. 사상적 측면에서 르네상스가 이지적이라면, 바로크는 열정적이었다. 또한 르네상스가 대상에 대해 법칙을 추구하려 하였던 반면, 바로크는 대상을 관찰하는 사람의 주관에 대한 관심을 추구하려 하였다. 이와 같은 경향은 그리스 건축 후기나 로마 건축의 후기에서도 나타난 현상이었다.

일반적인 예술사에서는 순수한 고전부흥古典復興의 기본 요소를 가진 르네상스 건축을 최고 예술표현이라 생각하고, 전통에서 자유로이 벗어난 비약을 시도한 바로크는 고답적이므로 말세적 예술이라 생각하여 르네상스 예술의 타락이라 보는 사람도 있다. 그러나 바로크 건축은 새로운 시대를 전개하는 선구로서 적지 않은 의의가 있었음을 부인할 수 없다.

이 새로운 표현 형식은 17세기에 들어와 완전히 발달하였다. 그 원동력은 16세기에 로마 교황청을 중심으로 전개되었던 가톨릭의 강력한 반종교개혁 운동에 있었다고 볼 수도 있다. 북부 유럽에서는 마르틴 루터와 존 칼뱅이 가톨릭교회의 부패에 반대하여 격렬한 종교개혁 운동을 하였다. 이러한 가톨릭교회의 부패는 이탈리아 내부에서도 감지되었다. 이로 인해 16세기부터 교회 내부에 깊은 반성이 일었으며, 열렬한 신도들은 끊임없이 교회 정화를 위해 노력했다.

가톨릭교회의 정화로 생긴 새로운 신앙은 정신적인 것보다 감각적인 것에 의존했다. 이는 당시 반종교개혁 운동의 중심이었던 성자의 종교적 체험의 깊이와 그 정감적 성질로 볼 때 당연한 귀결이었다. 그러므로 로마 교회에서 사용했던 회화·조각·건축 등에도 강렬한 감동을 주는 극적인 표현을 추구하였으며, 그것은 인체의 구도와 구성의 격렬한 운동이나 명암의 약동적 효과로 표현되었다.

건축에서는 르네상스의 모티프를 그대로 계승하였으나, 그 수법이 매우 자유롭고 대담했다. 모티프를 변형시키거나 이상하게 결합하는 등의 방식을 고안하였고, 심한 요철을 이용하여 생기는 음영으로 강한 동적 감각을 느낄 수 있도록 벽면의 장식을 풍부하고 힘차게 만들었다. 또한 건축을 보는 사람이 움직이는 시간적 추이에 따라 점차 전개되는 광경의 효과와 투시도적 효과를 강조하는 수법도 사용하였다.

이와 같은 새로운 특색은 미켈란젤로의 몇몇 작품 속에서 처음으로 나타나기 시작했다. 그의 걸작 중 하나인 로마 카피톨리노Capitolino 언덕 위의 캄피돌리오Campidoglio는 바로크의 새로운 의의와 정신을 예시한 중요한 작품이었다. 이 건축은 조소적인 구성을 적용하고 있으며, 평면적인 파사드의 집합체가 아닌 3차원적 공간구성으로서 오픈 스퀘어open square·로지아loggia, 대계단 주축 상에 놓인 램프, 수많은 조각 등 모든 건축의 구성 요소가 교묘하게 연관되어 있다. 사람이 램프를 올라감에 따라 투시적 효과가 시간적으로 변하며, 보는 사람의 움직임에 따라 모든 것이 변화하는, 다양성 있는 구성을 갖고 있다(그림 112, 113, 114, 115).

바로크 건축에서 시간적 요소는 의장의 기본적 요건이었으며, 건축

그림 112 로마의 캄피돌리오 조감도

그림 113, 114, 115
로마의 캄피돌리오

가는 더 이상 고립된 건물이나 공간 또는 한 면의 파사드에는 흥미와 뜻을 느끼지 않게 되었다. 건물에 접근하여 내부 공간을 다니며 볼 때 그 시간 경과에 따라 예술적 경험은 중첩 형성되며, 모든 건축 요소는 그에 따라 전체의 아름다움을 느낄 수 있도록 서로 연관지어 구성되었다. 바로크는 광선과 음영의 강한 대조, 큰 것과 작은 것, 단순한 것과 복잡한 것의 대조, 점차적인 감각 변화, 궁극적인 클라이맥스의 제시 등으로 건축 내부 공간의 표현에 있어서 교향곡적인 특징을 갖고 있다.

바로크의 디테일은 클래식한 형태를 자유롭게 변용하였으며, 페디먼트도 중단하여 그 양 끝을 굽히거나 소용돌이 모양을 만들고 주신도 많이 변형시켰다. 몰딩은 강한 음영이 생기게 하며 장식적인 조각을 점점 더 많이 사용하였다. 또한 벽면을 이용하여 수직·수평, 모든 방향으로 곡선을 사용하고, 벽면의 패널에도 복잡한 회화장식을 하게 되었다.

로코코

로코코Rococo는 바로크 건축에 뒤이어 18세기에 발전한 건축양식이며, 프랑스에서 시작되어 독일·영국 등 유럽에 영향을 미쳤다. 바로크는 인간의 공적 생활을 위주로 발전된 양식으로 장대하고 허식적이었으나, 로코코는 개인의 프라이버시privacy를 위주로 한 양식이었으므로 개인 생활·밀통·비밀·개인의 경험 등이 인생의 중요한 목표가 되었을 때 그 개인이 차지하는 내부 공간을 실질적으로 아담하고 아름답게 꾸미고 장식하였다.

프랑스의 바로크 건축은 절대 군주였던 루이 14세와 그의 귀족을 위해 발전하였고, 그의 죽음과 함께 끝났다 하여도 과언이 아니다. 루이

14세의 사망 이전부터 이미 혁명의 기운은 조성되었으며, 궁중에 있는 귀족들도 의식적이고 장중하며 거추장스러운 공적 생활에 염증을 느껴 아담하고 조용한 사생활을 열망하기 시작하였다. 이에 따라 루이 14세 통치 말에 이르러서는 개인 생활에 대한 충동이 지배적이었고, 사회생활에서도 완전한 혁신을 가져오게 되었으며 개인의 관계, 친근한 교제와 환담 등이 사회생활의 주요한 요소가 되었다.

이와 같은 사회사상을 배경으로 그 시대의 건축은 실내에 중점을 두게 되었으며, 특수한 실내장식도 발전하였다. 로코코라는 이름은 이 시대에 사용되던 로카유rocaille라는 암석과도 같고 조개껍데기와도 같은 특이한 조각 장식인 소위 로코코 장식에서 유래한 것이다.

로코코 양식이 발달했던 18세기는 이전까지 발명하고, 발견한 과학적 지식을 체계화하고 활용하는 이지가 발달하였다. 이와 같은 시대의 조류는 건축에도 많은 영향을 미쳐 바로크 시대와는 달리 건축 계획에 있어 기능적인 고려를 중요시했다. 따라서 공간의 구성과 배치에 있어서도 각기 특정한 용도에 맞는, 합리적인 계획방법을 연구하였다. 바로크 건축은 기능을 무시하고 과대망상적이었으며 공적 기능만을 과장한 건축이었으나, 18세기에 급전환한 건축은 경제적이고 아담하며 살기 좋은, 기능적인 공간을 만들기 위해 힘썼다.

로코코 건축은 실내에 중점을 두었기 때문에 실내의 화미華美한 장식과 외부의 간소한 표현은 좋은 대조를 이루었으며, 프랑스의 취미와 영향이 지배적이었다. 이와 같은 경향은 유럽의 각국으로 파급되었다.

로코코 양식의 일반적인 특색은 우선 엄격한 고전적 법칙을 무시하며, 규칙과 형식에 속박된 것과 육중한 것이나 어두운 음영을 피하는 경향이 주가 되었다. 직선 특히 수평한 직선과 직각을 피하며 특이한 착상으로 경쾌한 놀라움을 느끼게 하는 장식, 즉 장식의 유희가 중요한 특색이라 할 수 있다. 오더는 장식적으로 사용되어 매우 자유로운 수정이 가해졌으며, 거의 오더의 형상을 상실하였다. 모든 돌출부와 몰딩은 가늘고 약해졌다. 조각과 부조는 매우 엷어 평탄해졌으며, 벽면 패널에는 회화를 그렸다. 벽면과 천장은 기하학적 형태가 아닌 일련의 가는 선으로 연결하여 공간을 유동성 있게 만들었으나, 수직선만은 명확히 나타나게 하였다. 평면도 당연히 모서리를 둥글게 하여 곡선의 윤곽을 가지게 하였고, 비교적 입체적인 장식으로 로카유 혹은 종려의 장식이 둘러 있는 패널에는 일반적으로 아라베스크 또는 중국풍의 그림, 신화의 그림 등이 그려져 있었다.

이와 같은 특성은 모든 건축에 영향을 주었으며 교회건축도 주거건축과 같이 개인적인 문제에 치중하게 되었다. 즉, 설교가 매우 중요한 위치를 차지하게 되었으며, 개인적인 종교 경험과 신자 간의 개별적 교제가 중요시되면서 종교의식의 규모가 작아졌다. 따라서 교회의 건축 규모도 바로크 시대와 같이 장대하지 않고 작고 아담해졌다.

각국의 바로크 건축

● 이탈리아

새로운 바로크 시대의 지도적인 건축가는 카를로 마데르나(1556~1629)였다. 1626년에 완성한 성 피에트로 대성당의 네이브 부분과 정면이 그의 대표작이나, 라틴 크로스 형식으로 변경되어 미켈란젤로의 돔이 가진 효과를 반감하였다. 그의 참신한 수법은 오히려 로마에 있는 바르베리니Barberini 궁의 평면계획에서 잘 드러난다. 종래 중정으로 사용되던 콜로네이드colonnade를 정면으로 하여 양익부를 앞쪽으로 돌출시켰으며, 중앙 입구에 큰 니치를 두고 배후에 타원형의 대계단실을 만들어 극적인 구성을 하였다(그림 116).

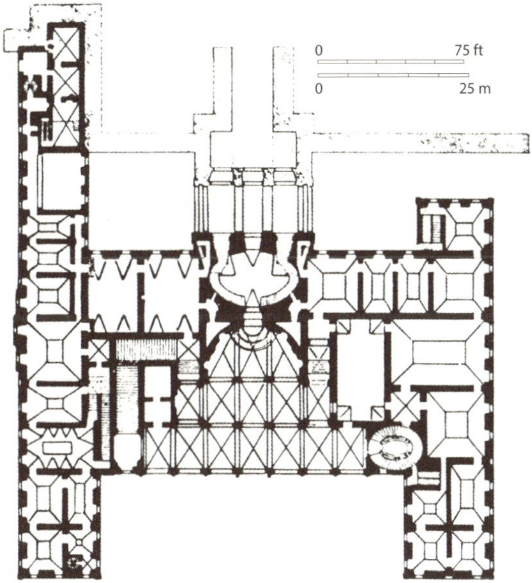

그림 116
바르베리니 궁의 평면

1656년에 기공한 베르니니Lorenzo Bernini(1598~1680)의 성 피에트로 대성당 전면 열주는 극적 구성을 가진 장대한 계획이었다. 큰 오벨리스크를 중심으로 타원형 광장에서 사다리꼴 광장을 연결하는 평면은 바로크적인 공간구성이다. 전체적인 관점에서 이 디자인은 간소하면서도 엄숙하고 로마적인 장중함과 팔라디오식 빌라에서 나타났던 개방성을 동시에 지니고 있다. 이 열주의 완성을 마지막으로 16세기 이래 수많은 일류 건축가의 손을 거친 성 피에트로 대성당의 공사가 완공되었다. 그 사이 여러 종류의 계획이 있었으나, 그 근본은 미켈란젤로의 것이었으며, 완

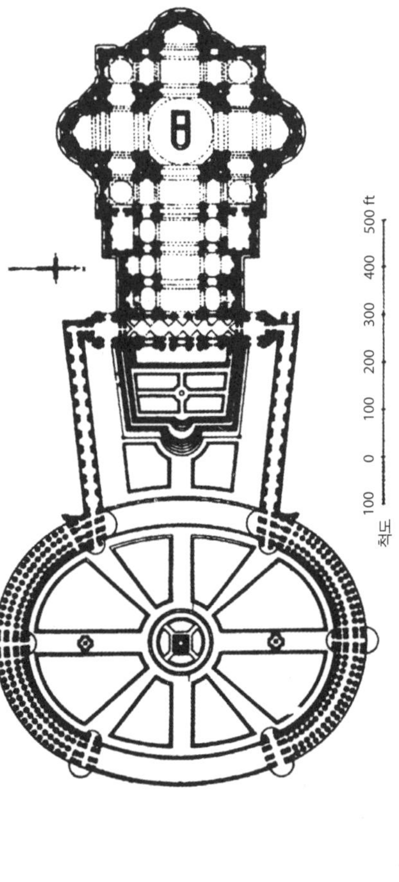

그림 117
성 피에트로 대성당의 평면

그림 118 성 피에트로 대성당의 조감도

그림 119 성 피에트로 대성당의 정면

그림 120 성 피에트로 대성당의 돔

성한 건물은 17세기적 성격을 가지고, 반종교혁명의 본거지인 로마 교황청에 상응하는 강대한 권력과 자신의 상징이 되었다(그림 117, 118, 119, 120, 121, 122).

같은 시대에 활동한 보로미니Francesco Borromini(1599~1667)는 풍부한 상상력과 독창성을 가지고 있었다. 1638~1640년에 세운 성 카를로San Carlo 성당은 타원형을 모티프로 하였으나, 장축을 주축으로 양 끝에 반원형의 돌기가 있었다. 단축의 양 끝도 반타원형으로 확장되었으며, 이와 같은 모양에 따라 엔태블러처가 굽이쳐 돌고 있다. 상부는 타원형 돔으로 축조되었으며, 그 돔의 내면이 십자형과 불규칙한 각형으로 구성되어 뛰어난 공간효과를 이루고 있다. 정면 전체도 파형기복波形起伏의 운동이 반복되어 음영의 효과를 강조하고 있다(그림 123, 124).

그림 121, 122 성 피에트로 대성당의 내부

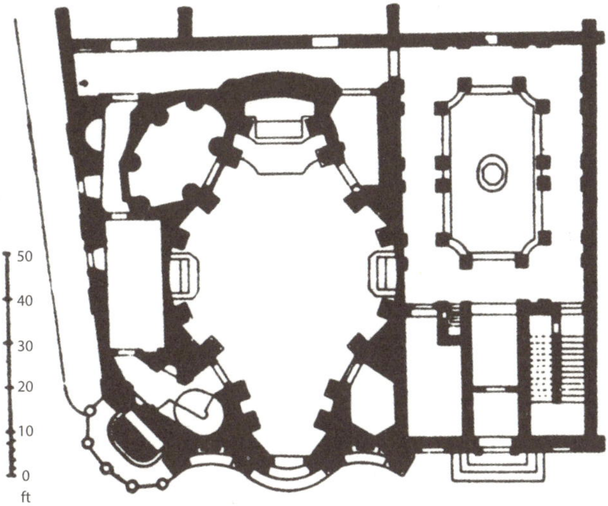

그림 123
성 카를로 성당의 평면

그림 124 성 카를로 성당의 돔

● 프랑스

프랑스의 바로크는 1618년 이래 궁정건축가로 활동하였던 르메르시에Jacques Lemercier(1585~1654)에 의해 시작되었다. 그는 루브르 궁의 공사를 인계하여 서쪽 익부西翼部 중앙의, 시계가 있는 파빌리온Pavilion을 설계하였으며, 여기서 온아한 바로크적 경향을 나타내었다. 1635~1642년에 건축한 파리의 소르본Sorbonne 성당의 평면은 십자교차부를 정방형으로 하여 장단 양측의 돌출로 타원형 평면과 같은 효과를 만들었다. 그 외관은 17세기 프랑스 건축가가 의도한 남성적 구성을 갖고 있으며, 프랑스 건축가의 독창적 능력을 잘 나타낸다.

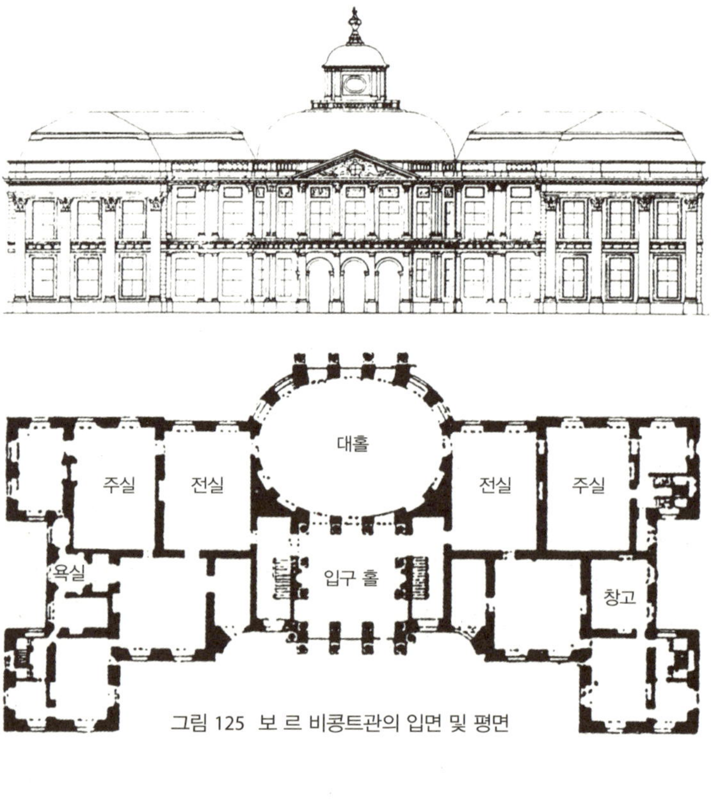

그림 125 보 르 비콩트관의 입면 및 평면

루이 르 보Louis Le Vau가 건설한 보 르 비콩트Château de Vaux-le-Vicomte관館은, 중앙에 돔을 가설한 타원형 큰 홀과 양익부에 있는 돌출부의 큰 오더를 사용하고 있다. 이 교묘한 용법은 이탈리아 바로크의 프랑스적인 변용을 잘 보여 주고 있다(그림 125).

쥘 아르두앙 망사르Jules Hardouin Mansart(1646~1708)는 앞서 나온 프랑수아 망사르의 조카이며, 17세기 프랑스에 있어서 이탈리아의 베르니니와 비견되는 궁정건축가였다. 그의 대표적 작품인 앵발리드Invalides 성당의 평면은 그릭 크로스를 바탕으로 한 형식으로 중앙에 주돔, 콰이어에 부돔을 축조하였다. 또한 중앙 돔의 외각은 지붕이고 내각은 이중으로 되

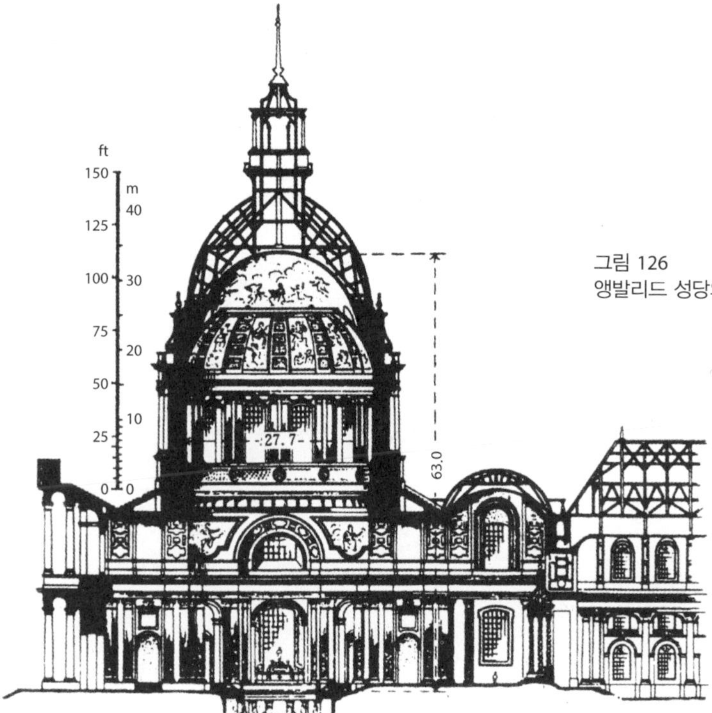

그림 126
앵발리드 성당의 단면

어 있으며, 그 상하각上下殼의 사이로 채광을 하여 상각의 면을 밝게 하여 하각의 밑에서 올려다보도록 만들었다. 구조적인 의의는 없으나 투시도적 기술의 응용으로 실내의 공간적 깊이를 느끼게 한다. 전면의 3단계로 돌출한 벽면, 그 원주군의 자유로운 배치 등은 바로크적이나, 그 이외의 세부는 아카데믹한 규율이 엿보인다(그림 126).

루이 14세 시대의 최대의 계획은 베르사유 궁전Palais de Versailles이었다. 왕은 루이 르 보에게 명하여 르메르시에가 세운 중앙부와 연결되는 익부翼部를 건축하게 하고(1661~1665), 1667년에는 보 르 비콩트의 정원을 설계한 앙드레 르 노트르André Le Nôtre(1613~1700)가 정원공사에 착수하였다. 그 다음에는 아르두앙 망사르를 지명하여 1676년부터 1688년까지 대확장이 이루어져 남북으로 계속되는 장대한 익부를 더했다. 이와 같이하여 전체 길이 550m에 1만 명을 수용한다는 전례 없는 대규모의 궁전을 만들었다(그림 127, 128).

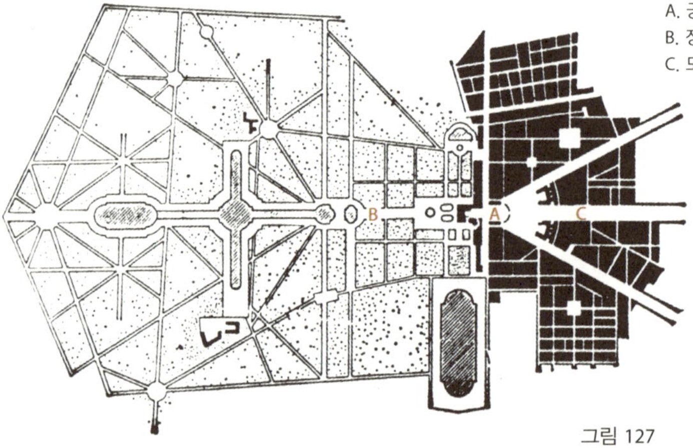

A. 궁전
B. 정원
C. 도시

그림 127
베르사유 궁의 배치도

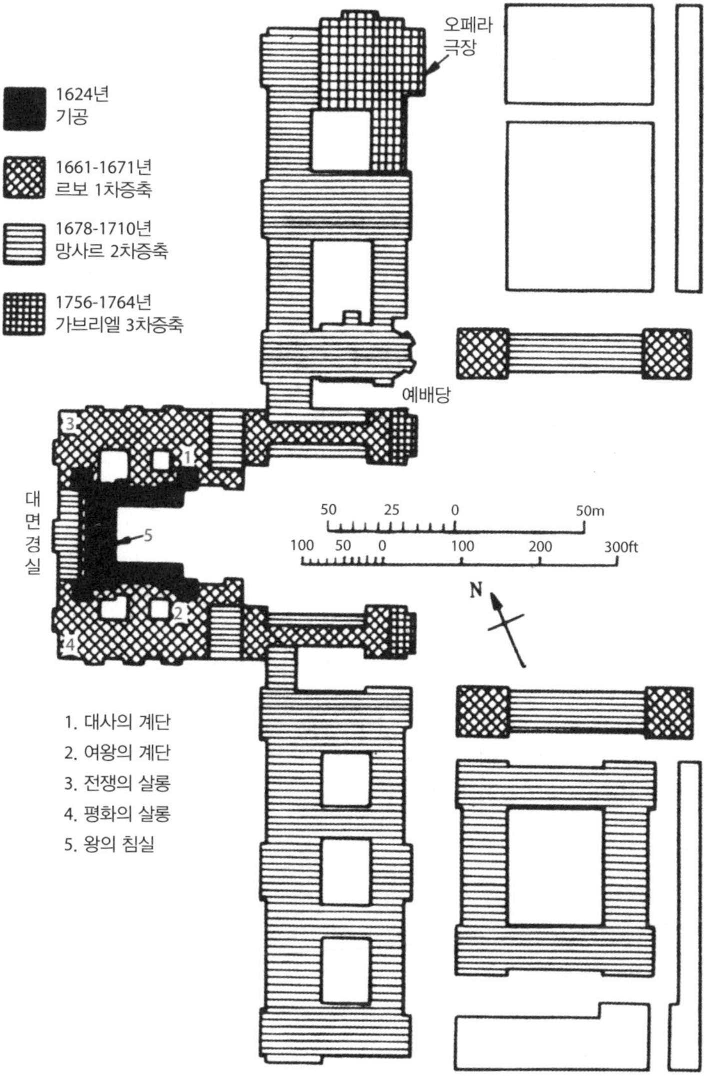

그림 128 베르사유 궁의 평면

이 거대한 설계의 초점은 중앙부에 있는 왕의 침실이었으며, 여기서 동부 파리로 통하는 대도로를 가운데 축으로 하여 방사선상으로 다시 2개의 도로를 놓았다. 이와 같은 강한 직선 축에 대한 집착은 궁전의 뒤쪽까지 이어지며 2개의 연못 사이의 수로, 앙드레 르 노트르가 설계한 기하학적 정원과 숲, 조상·정각 사이를 연결하는 소로 등 모든 부분에서 일관적으로 축의 강조가 이루어졌다. 또한 각각의 소 중심에서는 다양한 전망vista을 볼 수 있게 하였다. 중앙에 있는 대면경실La Galerie des Glaces은 아르두앙 망사르가 설계하였다.

영국

17세기 후반의 영국 건축계에서 영국 바로크의 지도적 역할을 한 것은 크리스토퍼 렌Christopher Wren(1632~1723)이었다. 그는 새로운 타입의 건축가였으며, 원래 과학자였기 때문에 그의 활동 영역은 수학·천문학에서 항해술·도로포장법 등까지 미쳤다고 한다. 그는 수학가의 집에 태어나 옥스퍼드 대학의 천문학 교수를 역임했으며, 후에 건축 연구를 위하여 파리에서 유학하였다. 수년 후에는 이탈리아로 가서 베르니니의 성 피에트로 대성당을 견학하였으며, 1666년의 런던 대화재를 전후로 귀국한 다음 훌륭한 건축을 많이 설계하였다. 그는 열렬한 개신교도로서 교회 설계에 있어 음향학적 연구를 기초로 많은 새로운 평면계획을 시도하였다.

1675년에 기공起工을 한 세인트폴 대성당은 렌의 대표적 작품으로 현존하는 모형을 통해 그가 집중형을 좋아했다는 사실을 알 수 있다. 그러나 그의 처음 안은 채택되지 않았으며 전통적인 장실형식長室形式이 사

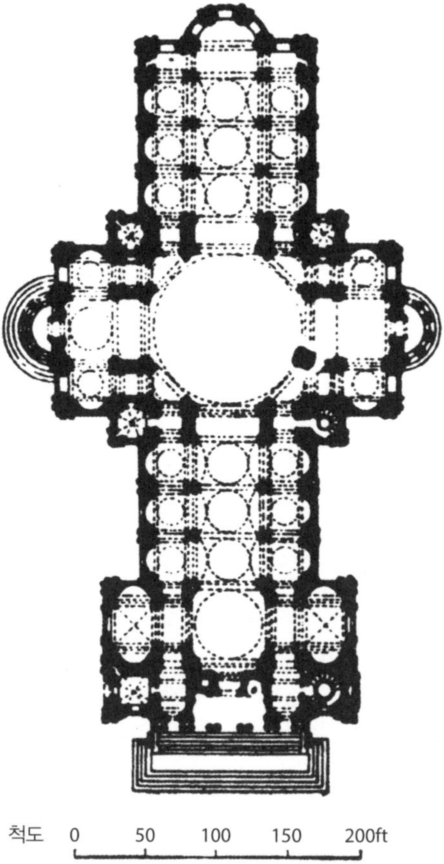

그림 129
세인트폴 대성당 평면

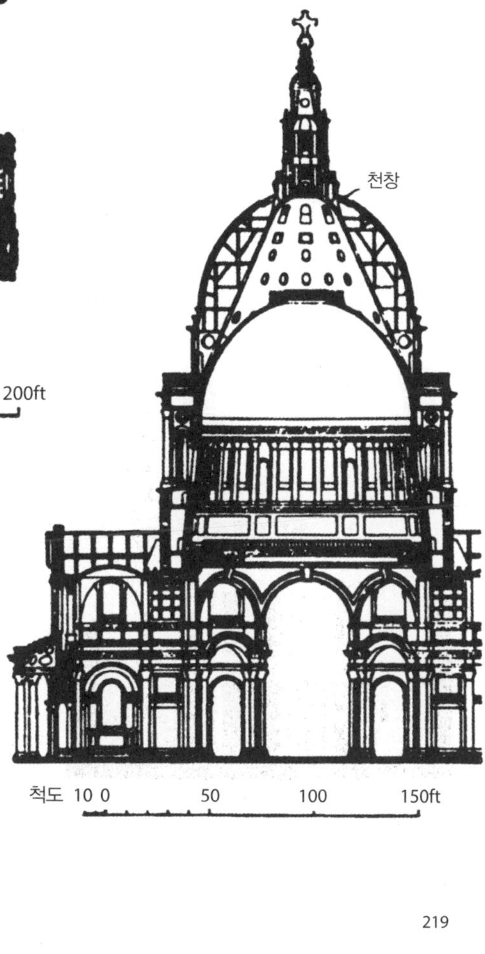

그림 130
세인트폴 대성당 단면
(트랜셉트와 돔 부분)

용되었다. 전체 길이 175m, 정면이 폭 55m로서 구조적인 관점에서 매우 성공적으로 설계된 건물이다. 견고한 벽체는 많은 니치로 기복을 가지며 십자형 평면 교차부에는 네이브와 트랜셉트를 합친 폭으로 거대한 3중각의 돔이 축조되었다. 드럼의 안쪽은 내경 하부 34.2m, 상부 30.8m로 위로 갈수록 좁아지게 만들어 그 상부에 반半구형의 내각돔을 설치했다. 그러므로 투시도적인 효과로 돔은 실제보다 더 높아 보인다. 이 내각의 정상에 있는 개구부에서는 벽돌조造로 된 중각 내면이 보이고, 이 중각돔은 원추형 기대 위에 높이 솟아 있으며, 꼭대기에는 랜턴lantern이 설치되어 있다(그림 129, 130, 131). 외각은 목구조로 만들었으며 연판으로 덮여 있고 드럼의 외부는 콜로네이드로 구성되어 있다. 정면에는 새로운 형식의 이례적인 탑을 세웠으며, 광선과 음영의 강한 대조 등 완전히 바로크적인 구성을 나타내고 있다. 세인트폴 대성당은 1710년에 완성되었으며, 한 건축가가 설계에서 완성까지 이루어 낸 유럽 유일의 대성당이다.

그림 131
세인트폴 대성당

● 독일

드레스덴에 있는 성모 성당Frauenkirche(1726~1743)은 베어Georg Baehr(1666~1738)가 건축한 프로테스탄트의 대표적인 바로크식 성당으로, 내부에 5천 명의 교인을 수용할 수 있도록 만들어졌다. 내부와 외부 모두 명쾌한 수직선을 기조로 하였으며, 우아한 곡선과 곡면을 부차적으로 사용하였다. 특히 높은 돔을 만들어 밝고 큰 창으로 채광된 로코코적인 내부 공간은 환상적이면서 억제된 우아함이 있어 매우 훌륭하다(그림 132).

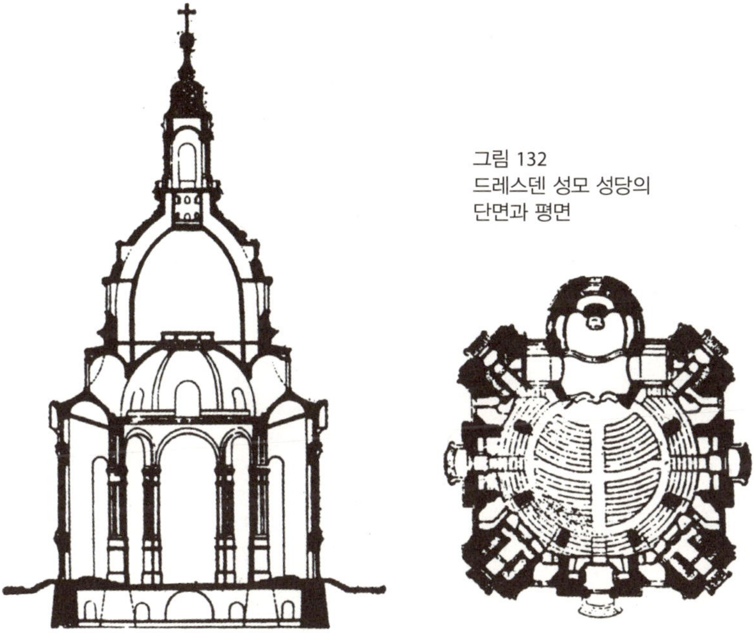

척도 0 5 10 20 30 40 ft

척도 0 10 20 ft

그림 132
드레스덴 성모 성당의
단면과 평면

극단적인 장식 의욕은 남부 독일 뮌헨Munich에서도 볼 수 있으며, 아잠Asam 형제가 건축한 성 요한 네포무크St. Johann Nepomuk 성당은 바로크의 건축적·조각적 수법이 극도로 표현되어 있으며 그와 같은 예를 찾아보기 힘들 정도로 강렬한 공간을 만들었다(그림 133).

그림 133
성 요한 네포무크 성당의 내부

각국의 로코코 건축

프랑스

파리의 오텔 드 수비즈Hôtel de Soubise의 공작부인 내실은 1735~1740년경 제르멩 보프랑Germain Boffrand(1667~1754)이 설계한 것으로 로코코의 특색을 나타낸다. 오더는 없어지고 벽에는 섬세한 모양으로 가장자리를 장식한 나무 패널이 사용되었으며, 그 상단은 안쪽으로 구부러져서 천장과 연결되어 있다. 이와 같은 패널에는 보통 백색을 칠했고 몰딩 부분은 도금하였으나 목재의 나뭇결을 그대로 나타낸 부분도 많이 있다. 고전적 모티프의 사용을 피하였으며 벽과 천장을 구별하지 않고 벽과 천장의 몰딩을 연결하여 어디서부터 천장인지 구별을 못하도록 되어 있다. 아담하고 유쾌한 내부 장식이 특징이다(그림 134).

건축의 외부에는 이와 같은 장식이 없었으며 간소하고 두드러지지

그림 134
오텔 드 수비즈의 내부

않는 표현을 하였다. 오더가 완전히 없어지지는 않아서 건축 모서리, 출입구의 양쪽에는 남아 있었으며, 주두와 주초가 생략되고 벽은 평탄해졌다. 창 상부는 궁형弓形이 되었으며, 창문은 바닥까지 열 수 있게 만들었다.

장 쿠르톤느Jean Courtonne가 설계한 파리의 오텔 드 마티뇽Hôtel de Matignon은 이와 같은 외관의 특색이 잘 나타난 아름답고 우아한 저택이다. 실내 평면도 기능적으로 연구된 것을 알 수 있다.

파리의 오텔 다믈로Hôtel d'Amelot는 보프랑이 1712년에 설계한 저택으

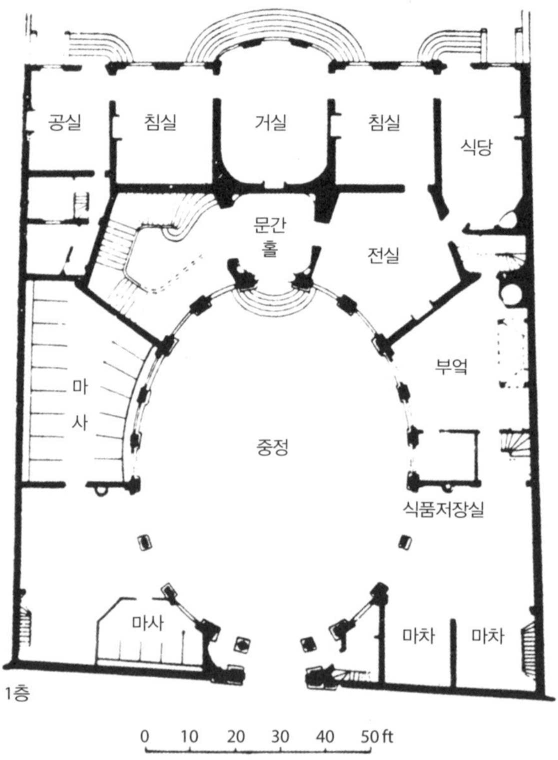

그림 135
오텔 다믈로의 평면

로, 그 시대의 가장 교묘한 평면계획을 나타낸다. 타원형의 중정을 이용한 계단실과 전실의 배치, 식당과 주방의 관계 등은 주목할 만하다(그림 135).

● 독일

독일에서는 바로크 건축이 뒤늦게 발전하였기 때문에 로코코 장식과 혼합하여 많이 사용하였으며, 앞서 예를 든 바로크 건축의 실례에서도 로코코적 요소를 많이 찾아볼 수 있다. 예를 들어 드레스덴 성모 성당의 크고 간소한 창, 거대한 돔, 높은 기둥 등의 기본 구성은 완전히 바로크적이다. 그러나 그 처리에 있어서는 압도적 인상이 없고 친근하며, 매우 로코코적인 표현을 하였으며 세부의 장식은 순수한 로코코식이다.

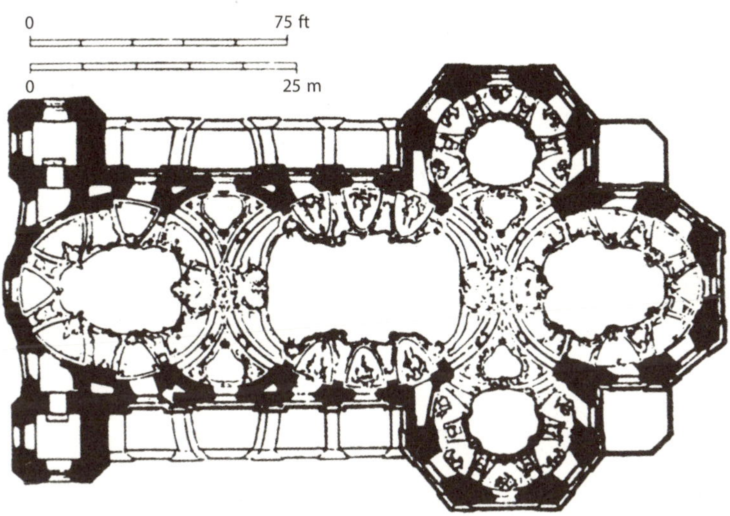

그림 136 피어첸하일리겐 성당의 평면

그 평면과 같이 다수의 회중에게 설교하는 프로테스탄트 교회당의 실제 목적에 맞는, 유화한 분위기를 형성하도록 세부 사항을 고려하고 있다.

이와 같은 바로크적 구성과 로코코적 장식의 결합을 가장 잘 나타내고 있는 것은 프랑켄Franken 지방의 피어첸하일리겐Vierzehnheiligen 성당이다. 이것은 1743~1772년에 노이만Balthasar Neumann(1687~1753)이 건축한 순례성당으로 타원형을 기본으로 하였으며 평면의 기본 구성, 기복이 있는 벽면 등은 바로크 양식의 건축으로서 독창적인 표현을 갖고 있다. 거기에 덧붙여진 큰 창과 밝게 채광된 내부 공간, 백색·금색·핑크색의 우아한 로코코 양식의 장식 등은 강한 종교적 열정과 명랑함이 결합되어 전례 없는 환상적인 공간을 형성하였다(그림 136).

영국

로버트 애덤Robert Adam(1728~1792)이 1773년에 설계한 더비Lord Derby 경의 저택은 교묘한 평면계획으로 프라이버시와 기능을 잘 고려하였으며, 그 실내의 섬세한 장식은 로코코적인 우아함을 보여 준다(그림 137).

영국의 조지언 하우스Georgian House는 영국의 로코코적 요소를 가장 잘 나타낸 것으로, 개인 생활의 즐거움을 영국은 이와 같은 형태로 다른 어느 나라보다도 여러 계층의 사람들에게 영향을 주었다.

조지아식의 주택은 정방형과 장방형의 두 종류가 있었다. 정방형은 작은 주택에 많고 천창top light를 가진 응접실을 많이 만들었다. 장방형 평면은 대저택에 많이 사용되었으며, 보통 중앙과 좌우 양익으로 3분되었다. 중앙부에는 계단·홀·응접실 등이 있고 양익부는 가정생활에 사용되는 방이 있었다. 또 특수한 대저택은 외부에서 직접 계단으로 올라

갈 수 있도록 되어 있다.

이들 주택은 주로 좌우대칭으로 계획되었으며, 경우에 따라서는 불편함을 감수하고서 억지로 좌우대칭으로 배치한 것도 있다. 외관에는 벽돌을 많이 사용하였고 여기에 돌·테라코타terra cotta 등을 배합·사용하여 매우 회화적인 효과를 나타내었다.

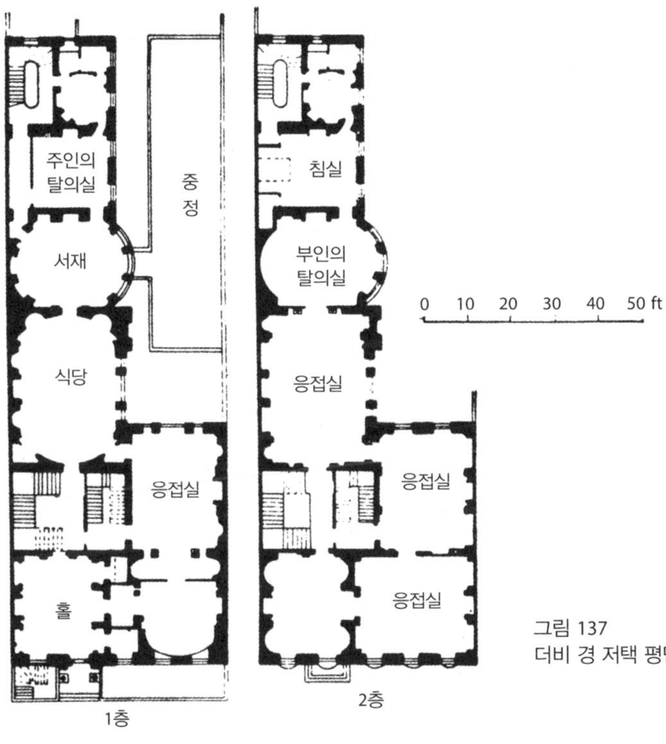

그림 137
더비 경 저택 평면

찾아보기

【ㅇ】

【ㅎ】